Elektrolyte und Spurenelemente in der Intensivmedizin

Kolloquium am 11. November 1972
im Klinikum Steglitz der Freien Universität Berlin

Herausgegeben von
Ulrich Henneberg, Berlin
H. W. Reinhardt, Berlin
Joachim Eckart, München

W DE G

Walter de Gruyter · Berlin · New York 1974

Das Kolloquium wurde mit Unterstützung der Franz Köhler Chemie, 6146 Alsbach (Bergstr.) veranstaltet.

 – Satz: Hans Richarz, St. Augustin – Druck: Color-Druck, Berlin. Printed in Germany. ISBN 3 11 004552 4

Vorwort

Als an Herrn Beer 1970 der Vorschlag herangetragen wurde, in München ein Kolloquium über Kalium-Magnesium-Aspartat abzuhalten, da hatte er zunächst Bedenken, weil im Jahr davor ein gleiches Kolloquium in Düsseldorf stattfand.

Sie werden unsere Situation verstehen, als wir hörten, daß heute, am 11.11. ausgerechnet das 11. Kolloquium dieser Art, diesmal in Berlin ablaufen soll. Ich habe mich bei vielen Elektrolytexperten erkundigt und erfahren, daß die Entwicklung dieser Therapie gerade in der Intensivmedizin eine sehr rasche sei und zahlreiche neue Berichte zu erwarten wären. Nach längerem Zögern, für das ich um gütiges Verständnis bitte, sagte ich zu mit der Modifikation, das Thema nicht nur allein auf die Kationen Kalium und Magnesium und auf das Anion Aspartat zu beschränken, sondern auch andere Kationen und Anionen aufzunehmen.

Ich freue mich, hier im Klinikum Biochemiker und Pharmakologen, Chirurgen und Internisten und last not least Anaesthesisten begrüßen zu können und bin gespannt auf Vorträge und Diskussion. Gerade die anschließende Aussprache ist so wichtig geworden angesichts der Papierflut medizinischer Publikationen, nationaler und internationaler Kongresse mit Salven von Vorträgen und angesichts der Forderungen eines ausgefüllten Tages innerhalb einer Klinik.

Wir haben bei der Planung dieses Kolloquiums die Notwendigkeit zur Aussprache berücksichtigt und dürfen Sie bitten, davon reichlich Gebrauch zu machen.

Henneberg, Eckart, Reinhardt

Inhalt

Einführende Grundsatzreferate und experimentelle Beiträge

(Vorsitz: *H. W. Reinhardt*)

Einleitung

H. W. Reinhardt

Es ist mir eine Freude, Sie durch den sogenannten theoretischen Teil führen zu dürfen. Ich möchte jedoch durch weitere Worte den Start unserer Unternehmung nicht behindern. Zu erwähnen ist vielleicht lediglich, daß wir eine Zweiteilung haben, nämlich Grundsatzreferate und experimentelle Beiträge. Grundsatzreferate beschränken sich im wesentlichen auf das, was uns Herr Professor *Günther* vortragen wird, und es ist eine besondere Freude, daß er sich bereitgefunden hat, über das Magnesium zu berichten. Ich glaube, vielen von uns ist es so gegangen, daß sie zwar mit den Chelaten sich beschäftigen wollten, aber im Magnesium steckengeblieben sind. Und wenn das Magnesium eine etwas ominöse Rolle heute immer noch einnimmt, dann hat das auch ganz bestimmte Gründe. Einer ist der, daß das Magnesium natürlich als intrazelluläres Kation sich einer exakten Untersuchung leicht entzieht. Der zweite Grund ist sicherlich der, daß erst in den letzten Jahren entsprechend geeignete Meßverfahren entwickelt werden konnten: die Atomabsorption. Dann kommt hinzu, daß kein anderes Kation wohl andere Kationen in so nennswertem Maße beeinflußt, wie es das Magnesium tut. Es ist also sicherlich an der Zeit, aus dem Munde eines Biochemikers einmal etwas zu hören, wie sich dort dieses Problem darstellt. Herr Professor *Günther* ist dafür besonders geeignet, denn schon in den 60er Jahren hat er seine Liebe für intrazelluläre Elektrolytverschiebungen und -änderungen entdeckt, stammen doch von ihm so wesentliche Beiträge wie die Änderung des intrazellulären Natriumgehaltes in Abhängigkeit zur Adrenalectomie.

Die Rolle des Magnesiums im Zellstoffwechsel

Th. Günther

Die biochemischen Wirkungen des Mg lassen sich auf seine schwachen komplexbildenden Eigenschaften zurückführen. Diese Wirkungen erstrecken sich auf:
Membranen (Cytoplasma-, Mitochondrienmembran),
Nukleinsäuren und Ribosomen,
Enzyme und Substrate.

Die Wirkung auf Membranen besteht einmal in einer Chelatbildung mit membrangebundenen Liganden. Dies führt wahrscheinlich zu einer Quervernetzung und zu einer geringeren (passiven) Permeabilität. Zusätzlich kann Mg membrangebundene spezifische Transportsysteme aktivieren, z. B. das Zuckertransportsystem der Bakterien von *Kundig* und *Roseman* oder die Mg-abhängige Na-K-ATPase.

Bei der Wirkung auf Nukleinsäuren bildet Mg mit Phosphatresten Chelate, wodurch die einander abstoßende negative Ladung der einzelnen Nukleinsäurestränge abnimmt. Außerdem kann Mg zwei parallele Nukleinsäurestränge quervernetzen. Beide Effekte bewirken, daß die Doppelhelix der Nukleinsäuren, die durch komplementäre Basenpaarung mittels (schwacher) Wasserstoffbrücken zustandekommt, stabilisiert wird, wie sich anhand der Schmelzkurven von Nukleinsäuren nachweisen läßt.

Diese Wirkung auf Nukleinsäuren findet sich auch in der Wirkung des Mg auf Ribosomen. Im einzelnen sind dabei Mg-abhängig:

1. die Bildung des Initiationskomplexes aus 30 S-Ribosomen, mRNS, Amino-acyl- t-RNS und verschiedenen Initiationsfaktoren,
2. die nachfolgende Anlagerung der 50 S-Ribosomen,
3. die Wirkung der Dissoziationsfaktoren nach Beendigung der Synthese eines Proteins.

Bei der Wirkung des Mg auf Enzyme kann man zwei Mechanismen unterscheiden:

1. die Wirkung auf das thermodynamische Gleichgewicht einer Reaktion, die eintritt, wenn ein Reaktionspartner mit Mg einen Komplex bildet, oder wenn Ausgangs- und Endprodukte einer Reaktion verschieden stabile Mg-Komplexe bilden. Dieser Effekt ist unabhängig davon, ob das an der Reaktion beteiligte Enzym durch Mg aktiviert wird,
2. die Aktivierung der Mg-abhängigen Enzyme, wovon bisher ca. 250 bekannt sind. Dadurch ist Mg praktisch an allen Stoffwechselfunktionen beteiligt.

Die quantitativen Beziehungen zwischen der Mg-Konzentration bzw. dem pMg, d. i. der negative dekatische Logarithmus der Mg-Ionenaktivität und der Enzymaktivität, sind in Abb. 1 dargestellt.

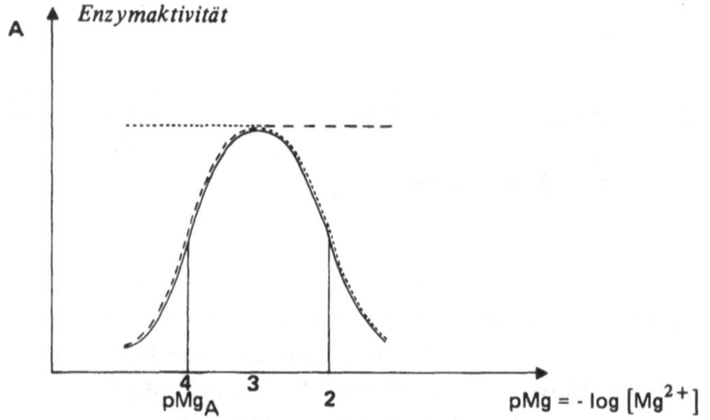

Abb. 1 Abhängigkeit der Enzymaktivität (A) vom pMg.
pMg_A: pMg bei halbmaximaler Aktivierung durch Mg.
pMg_I: pMg bei 50 % Hemmung durch hohe Mg-Konzentrationen.

Sie zeigt eine glockenförmige Kurve, ähnlich der pH-Abhängigkeit der Enzymaktivität. Derartige Glockenkurven lassen sich durch Überlagerung zweier sigmoider Kurven erklären, nämlich (gestrichelte Kurve) die Aktivierung des Enyzms als Funktion des pMg und (gepunktete Kurve) die Hemmung des Enzyms in Abhängigkeit vom pMg.
Die Hemmung eines Enzyms durch (hohe) Mg-Konzentrationen beruht auf einer unspezifischen Bindung von Mg an Protein, z. B. an Tyrosylreste. Diese Mg-Bindung entspricht der Bindung von Mg, z. B. an Serum-Albumin. Die Abb. 1 zeigt, daß das Mg-Optimum der meisten Enzyme bei einem pMg von 3 liegt.
Bei der Aktivierung von Enzymen durch Mg können je nach Enzym folgende Reaktionen ablaufen:

I) Mg + S ⇌ Mg S
MgS + E ⇌ MgSE . . . ⇌ E + MgP
MgP ⇌ Mg+P

II) Mg + E ⇌ MgE
MgE + S ⇌ MgES . . . ⇌ MgE + P

E = Enzym
S = Substrat

Nach Schema I reagieren u. a. Hexokinase, Phosphoglyceratkinase und Kreatinkinase.
Nach dem Reaktionsschema II reagieren u.a. Enolase, Pyruvatkinase, NADP-Isozitronensäure-Dehydrogenase und Pyrophosphatase.

Für die Wirkungsweise des Mg bei der Aktivierung von Enzymen gibt es nachfolgende Möglichkeiten, die isoliert, aber auch kombiniert auftreten können.

1. Durch Komplexbildung mit Mg wird die hohe negative Ladung der Substratmoleküle (Nukleotide, Zitrat) um 2 pro Molekül vermindert ($ATP^{4-} + Mg^{2+} \rightleftharpoons Mg\,ATP^{2-}$). Dadurch wird eine Bindung von MgS (infolge der nun verminderten Abstoßung) an E möglich.
2. Durch die Bindung von Mg an E (Schema II) entsteht die aktive Konformation des Metallo-Enzyms, bzw. infolge der Konformationsänderung kann das Substrat an das aktive Zentrum des Enzyms gebunden werden. Dabei kann das Substrat auch unter Beteiligung des Mg gebunden werden. Daneben besteht die Möglichkeit, daß durch Bindung von MgS an das Enzym sich ebenfalls dessen aktive Konformation ausbildet.
3. Mg^{2+} bewirkt durch Elektronenzug eine stärkere Polarisierung innerhalb des Substratmoleküls im Michaelis-Menten-Komplex und begünstigt so die Spaltung von Bindungen (vorzugsweise P– O– Bindungen). Diese letztere Wirkungsweise kommt wahrscheinlich bei den oben aufgezählten Möglichkeiten immer hinzu [1].

Nachdem bisher die grundlegenden Wirkungsweisen des Mg skizziert wurden, sollen jetzt die tatsächlichen betrachtet werden. Da die Wirkung des Mg – wegen der reversiblen Komplexbildung – von der Mg^{2+}-Konzentration abhängig ist, soll seine Verteilung im Gewebe und sein Transport durch die Zellmembran anhand des folgenden Schemas betrachtet werden (Abb. 2).

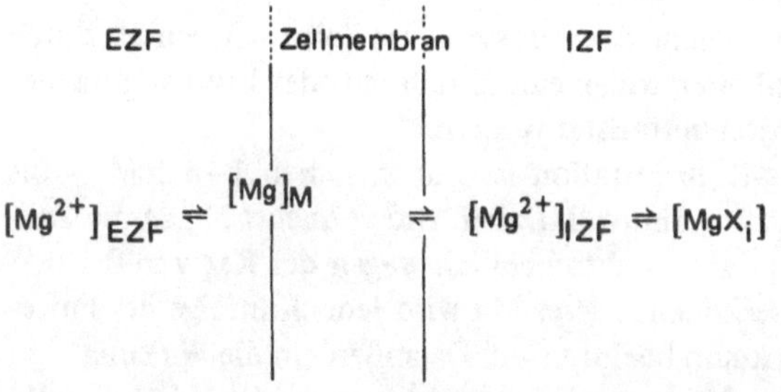

Abb. 2 Zustand des Mg im Organismus (Abkürzungen s. Text)

Das extrazelluläre Mg ($[Mg^{2+}]_{EZF}$) steht im Gleichgewicht mit membrangebundenen Mg ($[Mg]_M$). Das extrazelluläre Mg kann nicht passiv durch die Zellmembrandiffundieren. Es gelangt vielmehr durch einen mit CN^- oder Dinitrophenol etc. hemmbaren, d.h. vom Stoffwechsel abhängigen und einer Sättigungskinetik

($K_M = 10^{-4}M$) gehorchenden carrierbegünstigten Transportprozeß in die Zelle [2]. Bei Bakterien ist darüber hinaus ein stoffwechselabhängiger Mg-Efflux nachgewiesen, der mit dem Influx von Mg gekoppelt ist [3,4].

Das in die Zelle transportierte Mg^{2+} steht im Gleichgewicht mit dem intrazellulären austauschbaren komplexgebundenen Mg($[MgX_i]$). Als intrazelluläre Chelatbildner kommen – ihren Komplexbildungskonstanten entsprechend – Nukleotide, Nukleinsäuren, Citrat und Protein in Frage. Ein derartiges System stellt einen Mg-Puffer dar, der in der Lage ist, die intrazelluläre Mg-Ionenaktivität bei Änderungen den Mg-Gehalts nahezu konstant zu halten.

Die Kenntnis der intrazellulären Mg-Ionenaktivität ist daher Voraussetzung, wenn man die tatsächlichen Wirkungen des Mg in der Zelle abschätzen will. Diese Größe wurde an intakten Zellen anhand der Mg-Abhängigkeit des Gleichgewichts geeigneter Reaktionen und der Mg-Abhängigkeit von Stoffwechselfunktionen abgeschätzt. Daneben wurde der intrazelluläre pMg in Zellaufschlüssen mit Hilfe der Aktivierung der Isozitronensäure-Dehydrogenase durch Mg-Ionen und einer Mg-sensitiven Elektrode ermittelt. Eine Beschreibung dieser Verfahren und ihre Kritik ist in diesem Rahmen nicht möglich. Mit diesen Methoden ermittelten wir, abgesehen von Säugetier-Erythrocyten, deren intrazelluläre Mg-Ionenaktivität niedrig ist, einen pMg von ca. 3 [1,5,6]. Daraus folgt, daß etwa 90% des zellulären Mg gebunden sind und daß der pMg in einem Bereich liegt, in dem die Mg-abhängigen Enzyme nahezu optimal aktiviert sind. Andererseits ist aber die intrazelluläre Ionenaktivität niedrig genug, so daß eine Fehlcodierung nicht eintritt und die Proteinsynthese durch Initiations- und Dissoziationsfaktoren regulierbar ist.

Von praktischem Interesse ist, welche Beeinflussung des Zellstoffwechsels durch Mg erfolgen kann. Als Möglichkeiten sollen eine Erhöhung oder Erniedrigung der extrazellulären Mg-Konzentration betrachtet werden.

Eine Erhöhung der Serum-Mg-Konzentration ist nur zwischen 1–8 mM – bis zum Auftreten einer Mg-Narkose – sinnvoll. Dabei wird vermehrt Mg an die Zellmembran gebunden. Es gelangt aber wahrscheinlich wegen der K_M von 0,1 mM nur wenig Mg zusätzlich in die Zellen. Dieses Mg wird jedoch infolge der Pufferung den intrazellulären p Mg kaum beeinflussen. Da außerdem die Wirkung vom Logarithmus der intrazellulären Mg-Ionenaktivität abhängt, ist die Erhöhung der extrazellulären Mg-Konzentration über den physiologischen Bereich von geringer praktischer Bedeutung für das Geschehen in der Zelle.

Von größerer Bedeutung ist eine verminderte extrazelluläre Mg-Konzentration, z. B. bei zu geringer Zufuhr, erhöhtem Bedarf (Wachstum, Schwangerschaft, Laktation, proteinreiche Ernährung), verringerter Resorption oder erhöhter Ausscheidung (Diuretica). Als Stoffwechseländerungen lassen sich beim Mg-Mangel eine Abnahme der DNS- und Proteinsynthese, in geringerem Maße eine Hemmung der RNS- und Lipidsynthese messen [7]. Damit werden z.B. die embryotoxischen Wirkungen eines Mg-Mangels erklärbar.

Im Elektrolytstoffwechsel beobachtet man neben der starken Abnahme der extrazellulären Mg-Konzentration nur eine geringe Abnahme des zellulären Mg, wobei die intrazelluläre Mg-Ionenaktivität wie oben ausgeführt wegen ihrer Pufferung, wahrscheinlich konstant bleibt. Die intrazelluläre K-Konzentration sinkt stark ab infolge einer Zunahme des K^+-Effluxes. Die Abnahme des intrazellulären K^+ist daher durch vermehrte K^+-Zufuhr oder in Versuchen mit isolierten Zellen durch Erhöhung des extrazellulären K^+ nicht auszugleichen.

Erst wenn nach Zugabe von Mg die Proteinsynthese wieder normalisiert ist, sind diese Veränderungen reparabel. Ihre Entstehung läßt sich aus der Abnahme des extrazellulären Mg erklären. Infolge einer Dissoziation von Mg von Membranbestandteilen und einer veränderten Proteinsynthese könnte ein vermehrter Efflux von K^+ resultieren, der die beschriebenen Stoffwechseleffekte bedingt. Die gleichen Änderungen der DNS-, RNS- und Proteinsynthese wurden durch alleinige Harabsetzung der intrazellulären K^+-Konzentration gemessen [8]. Am intakten Organismus kann die Abnahme des extrazellulären Mg darüber hinaus eine vermehrte Freisetzung von Noradrenalin bewirken, das über einen Anstieg von cAMP in der Zelle ebenfalls zu einem vermehrten Efflux von K^+ (und Influx von Ca) führt. Daneben spielt cAMP eine zentrale Rolle bei der Regulation zahlreicher Stoffwechselfunktionen (z.B. Kohlehydrat-, Lipidstoffwechsel).

Diese kurze biochemische Analyse des Mg-Mangels zeigt die mannigfaltigen und komplexen Funktionen des Mg im Zellstoffwechsel.

Literatur

[1] Günther, T.: Beiträge zur biologischen Bedeutung des Magnesiums. Habil.-Schrift, Med. Fak., FU Berlin, 1965/66.

[2] Beauchamp, R.S.,S. Silver und J. W. Hopkins: Uptake of Mg^{2+} by KB cells. Biochim. Biophys. Acta 225, 71 (1971).

[3] Lusk, J.E. und E.P. Kennedy: Magnesium Transport in Escherichia coli. J. Biol. Chem.244, 1653 (1969).

[4] Silver, S.: Active Transport of Magnesium in Escherichia coli. Proc. Nat. Acad. Sci. 62, 764 (1965).

[5] Günther T. und F. Dorn: Über die intrazelluläre Mg-Ionenaktivität von E. coli-Zellen. Z. Naturforsch. 24 b, 713 (1969).

[6] Günther T. und F. Dorn: Die intrazelluläre Mg-Ionenaktivität in verschiedenen Säugetierzellen. Z. Naturforsch. 26 b, 176 (1971).

[7] Günther T. und R. Averdunk: K-Transport und Stoffwechsel von Mg-arm gewachsenen Yoshida-Ascitestumorzellen. Z. klin. Chem. klin. Biochem. 8, 621 (1970).

[8] Lubin, M.: Intracellular Potassium and Macromolecular Synthesis in Mammalian Cells. Nature 213, 451 (1967).

Diskussion

Henneberg: Unser Physikum, Herr *Günther* liegt doch schon etwas weiter zurück. Ich weiß im Augenblick nicht, wie groß ist unser Magnesiumbestand, wie groß ist unsere tägliche Ausscheidung, ab wann ist im klinischen Bereich mit einem Magnesiummangel zu rechnen?

Günther: Vom Magnesiumbestand eines Organismus ist der größte Teil im Knochen lokalisiert und zwar dort an Apatit adsorbiert. Dann folgt das zelluläre Magnesium. Im Magnesiummangel sinkt zunächst, und das ist der beste Indikator, die Magnesiumkonzentration im Serum. Der beste Indikator für einen Magnesiummangel wäre daher die Magnesiumionenaktivität, also das ionisierte Magnesium in der extrazellulären Flüssigkeit. Während des Magnesiummangelzustandes hat das Apatit des Knochens eine Pufferfunktion, denn sobald die Magnesiumkonzentration im Serum absinkt, kann Magnesium aus den Knochen nachgeliefert werden. Die Frage, ob ein Magnesiummangel vorliegt, ist – abgesehen von Regulationsstörungen – am besten durch die Analyse des Serums zu klären.

Saborowski: 1. Spielt in dem Carriersystem die Asparaginsäure eine Rolle oder nicht? 2. Welche intrazellulären Puffersysteme fangen die Magnesiumionen ab?

Günther: Darf ich zunächst die zweite Frage beantworten. Welche Puffersysteme sind dafür verantwortlich? Aus der *Henderson-Hasselbalch*-Gleichung, den Magnesium-Komplexbildungskonstanten der intrazellulären Chelatbildner, die für ATP $2.10^4 M^{-1}$ und für ADP etwa $10^3 M^{-1}$ betragen und der intrazellulären Magnesiumionenaktivität von $10^{-3}M$ folgt, daß über 90% des ATP ca. 50% des ADP und ebenfalls 50% des Citrats mit Magnesium komplexiert sind. Dann folgen die Nucleinsäuren und Proteine. Je stärker der isoelektrische Punkt eines Proteins im Sauren liegt, desto besser kann es Magnesium binden. Die Proteine mit einem isoelektrischen Punkt im Alkalischen sind schlechte oder überhaupt keine Magnesium-Komplexbildner.

Ihre andere Frage, ob Asparaginsäure als Carriersubstanz für Magnesium funktionieren kann: Ich habe noch keinen eindeutigen Beweis gesehen. Als Beweis für eine derartige Funktion würde ich fordern, daß man mit Mg^{28}– und C^{14}–markierter Asparaginsäure in einem Simultanversuch eine gleiche Aufnahmegeschwindigkeit in die Zelle messen kann. Die biochemische Wahrscheinlichkeit spricht eher dagegen. Für Aminosäuren existieren spezifische Carriersysteme, in tierischen Zellen mindestens drei. Die Spezifität des Magnesiumcarriersystems ist ebenfalls sehr hoch. Bei E. Coli und bei tierischen Zellen gelangen andere zweiwertige Kationen, z.B. Calcium, nicht über das Magnesium-Transportsystem in die Zelle. Bei E. Coli gibt es wahrscheinlich sogar zwei Carriersysteme für Magnesium: ein spezifisches und ein weniger spezifisches. Wir haben zu dieser

Frage Versuche mit Zink durchgeführt, das ein wesentlich besserer Komplexbildner als Magnesium ist, und haben gefunden, daß die Aufnahmegeschwindigkeit von ^{65}Zn in Ascites-Tumorzellen durch die Zugabe verschiedenster Aminosäuren nicht beeinflußbar ist, im Gegenteil, wenn wir eine Aminosäure zugeben, die eine sehr gute komplexbildende Eigenschaft für Zink hat, z. B. Cystein, dann wurde die Aufnahme von Zink sogar gehemmt und zwar in einer vergleichbaren Größenordnung, wie durch einen anderen guten Zn-Komplexbildner, nämlich EDTA. Daraus folgt: wenn die Aktivität dieses Ions in der extrazellulären Flüssigkeit durch Komplexbildung herabgestezt ist, steht es für sein spezifisches Carriersystem nicht mehr in ausreichendem Maße zur Verfügung. Ob Asparaginsäure ein „Schlepper" für Magnesium ist, ist wenig wahrscheinlich. Es kommt hinzu, daß die Komplexbildungskonstante der Asparaginsäure für Magnesium nur $10^{2,4}M^{-1}$beträgt, d.h. Asparaginsäure ist im Serum nur zu einem geringen Teil mit Magnesium komplexiert.

Saborowski: Kennen Sie irgendein Reglersystem, welches Magnesium im Körper reguliert, analog z. B. dem Aldosteron-Angiotensin-System für Natrium und Kalium?

Günther: Die Verteilung des Magnesium zwischen intra- und extrazellulärem Raum kann durch verschiedene Hormone beeinflußt werden. Die Effekte belaufen sich auf maximal 20%, liegen also in einer vergleichbaren Größe wie beim Natrium und Kalium. Die wirksamstem Hormone sind z. B. das Parathormon und die Nebennierenrindenhormone. Es ist jedoch unsicher, ob es sich dabei um einen direkten Effekt dieser Hormone oder um eine indirekte Wirkung handelt.

Kaczmarczyk: Darf man aus Ihren Ausführungen schließen, daß die intrazelluläre Magnesiumkonzentration, wenn sie durch Differenzbildung Gesamtgewebemagnesium minus extrazelluläres Magnesium bestimmt wird, (was schon eine gewisse Schwierigkeit bedeutet, falls sie im Normbereich gefunden wird), nichts darüber aussagt, ob die Funktion des Magnesiums in der Zelle an den einzelnen Zellstrukturen ungestört ist?

Günther:Die Schwierigkeit liegt nicht in der Eliminierbarkeit des extrazellulären Magnesiums. Die Schwierigkeit ist vielmehr, daß innerhalb der Zelle ionisiertes Magnesium neben komplexgebundenem vorkommt und daß durch die Aufarbeitungsprozedur diese Gleichgewichte gestört werden können. Die Methoden, die zur Bestimmung der intrazellulären Magnesium-Ionenaktivität verwendet wurden, sind einmal die Abhängigkeit des thermodynamischen Gleichgewichtes einer Reaktion von der Magnesiumkonzentration. Die Werte, die dabei herauskommen, kann man kritisieren. Das Verfahren setzt voraus, daß die Substrate, deren Konzentration nach dem Massenwirkungsgesetz dabei zugrunde gelegt wird, über das Zellwasser verteilt sind. Eine andere indirekte Methode an der intakten Zelle besteht darin, daß man Magnesium außen erhöht und eine bestimmte Stoffwechselfunktion z.B. die Glykolyse mißt. Aus der Magnesium-Abhängigkeit dieser Stoffwechselfunktion und aus der Magnesium-Abhängigkeit des Schrittmacherenzyms kann man Rückschlüsse auf die Ionenaktivität in der Zelle ziehen. Dieses Verfahren ist auch nicht exakt, denn durch die Erhöhung der extrazellulären Magnesiumkonzentration werden die Permeabilitätseigenschaften der Membran gestört, und das intrazelluläre Magnesium ist dann nicht der allein limitierende Schritt. Die dritte Methode, die wir verwendet haben, war die Aktivierung magnesiumabhängiger Enzyme in einem optischen Test. Sie hat den Nachteil, daß man ein Homogenat in den optischen Test einbringen muß und dabei eine Verdünnung vornimmt. Entsprechend dem *Oswald*'schen Verdünnungsgesetz können die Chelate Magnesium nachliefern, so daß eine Korrektur infolge der Verdünnung erfolgen muß. Das letzte Verfahren, das wir angewendet haben, ist die direkte Messung der Magnesium-Ionenaktivität im Zellaufschluß mit einer magnesiumsensitiven Elektrode. Auch dieses Verfahren befriedigt nicht, wegen des Suspensionseffektes. Die beiden letztgenannten Verfahren liefern jedoch gleiche Ergebnisse. Für die Aussagekraft hinsichtlich der Enzymaktivitäten, die vom Logarithmus der Magnesium-Ionenaktivität abhängen, sind jedoch Fehler von ∓ 20% und mehr zu vernachlässigen. Alle diese Meßwerte stellen integrale Werte dar. Über Veränderungen der Mg-Ionenaktivität in einzelnen Zellstrukturen (Organellen) läßt sich nichts aussagen.

Renale Konzentrierungsfähigkeit bei Mg-armer Ernährung

G. Kaczmarczyk, G.J. Riedel, K. Fahrenhorst, H. Udes und H.W. Reinhardt

Einleitung

Die Fähigkeit der Rattenniere zur Konzentrierung osmotischer Substanzen ist bei vermindertem Körperkalium herabgesetzt [1, 3, 8]. Ein Kaliummangel kann als gesichert angesehen werden, wenn der Kaliumgehalt der Skelettmuskulatur herabgesetzt ist [2]. Die Kaliumkonzentration im Plasma kann diätetisch erzeugt werden durch geringes Kaliumangebot oder durch Herabsetzung des Magnesiumgehaltes der Nahrung. Die durch Magnesiummangel erzeugte Kaliopenie wird durch Erhöhung der oralen Kaliumaufnahme nicht verhindert [11].

Die Konzentrierungsfähigkeit der Rattenniere bei Magnesiummangel wurde von *Smith* et al. und *Manitius* u. *Epstein* untersucht; *Manitius* u. *Epstein* fanden keine, *Smith* et al. eine Herabsetzung der Konzentrierungsfähigkeit um etwa 33%. Dieser widersprüchliche Befund veranlaßte uns zu weiteren Untersuchungen mit nachfolgenden Fragen:

1. Welchen Verlauf hat unter unseren Ernährungsbedingungen der Magnesiummangel bei der Ratte, d. h. wie verhalten sich Plasma- und Organmagnesium, bestehen äußerlich sichtbare Zeichen eines Magnesiummangels?
2. Kann es sich bei den von anderen Autoren beobachteten Veränderungen im Kaliumstoffwechsel um Kaliumverschiebungen innerhalb des Organismus handeln (s. o.), oder kommt es zu einer nachweisbaren Abnahme des Gesamtkaliumbestandes?
3. Wie verhält sich die renale Konzentrierungsfähigkeit zu verschiedenen Zeitpunkten der Mg-armen Ernährung? Die renale Konzentrierungsfähigkeit wurde dazu geprüft als:
   a) die sich spontan einstellende Urinosmolarität (U_{osm}) bei freiem Zugang zu Futter und Wasser,
   b) die Urinosmolarität nach 24stündiger Flüssigkeits- und Nahrungskarenz ($U_{osm\ max}$),

Methodik

Die Untersuchungen wurden an 31 Sprague-Dawley-Ratten durchgeführt. Das mittlere Ausgangskörpergewicht betrug 346 ± 10 Gramm. Die Kontrolle des hygienischen Status wurde nach dem Untersuchungsgang des Institutes für Versuchstierkunde durchgeführt und ergab keinen Hinweis auf das Vorliegen von Krankheitserregern, die in der Liste 1 der Gesellschaft für Versuchstierkunde aufgeführt sind. Untersuchungen auf Viren wurden nicht durchgeführt. Die verwendeten Diäten (Tabelle 1) enthielten 10 μval Mg^{++} (17 Tiere), 43 μval Mg^{++} (8 Tiere) und 275 μval Mg^{++} (6 Tiere) pro Gramm Futter. Der Natriumgehalt des Futters betrug 103 μval/g (Stufe I), 380 μval/g (Stufe II) und 680 μval/g (Stufe III). Der Kaliumgehalt des Futters betrug 129 μval/g. Jede Futterstufe wurde durchschnittlich 8 Tage verabreicht. Nach zweitägiger Gewöhnung an den Stoffwechselkäfig wurde Stufe I vom 2. – 9. Tag, Stufe II vom 10. – 17. Tag, Stufe III vom 18. – 25. Tag, Stufe I vom 26. – 33. Tag, Stufe II vom 34. – 41. Tag, Stufe III vom 43. – 49. Tag gegeben.

18 Tiere wurden in Sammelkäfigen, 13 Tiere für Bilanzuntersuchungen in Stoffwechselkäfigen gehalten. Der Zugang zu Futter und Trinkflüssigkeit (aqua bidest) war für beide Gruppen frei. Jeweils zwei Tage nach dem Umsetzen auf die jeweilige Futterstufe wurde in 5 Bilanztagen (21. – 25. Tag, 29. – 33. Tag, 37. – 41. Tag und 45. – 49. Tag) Futteraufnahme, Trinkmenge, Körpergewicht und Elektrolytexkretion (Na, K, Mg) in Stuhl und Urin bestimmt. Es wurden nur die Tiere in die Auswertung aufgenommen, bei denen eine komplette 5tägige Bilanz gewonnen werden konnte. Am Ende jeder Futterstufe wurde die renale Konzentrierungsfähigkeit wie folgt geprüft: Trinkflüssigkeit und Futter wurden entfernt und die Osmolarität der in den folgenden 24 Stunden gesammelten Harnmenge bestimmt. Am 51. oder 52. Tag wurde in Halothan – O_2 – Narkose ein Teil des Femurschaftes und Muskelgewebe (M. quadriceps fem.) entnommen. Die Organe wurden unmittelbar nach der Entnahme in Isopenthan-Trockeneisgemisch fixiert. Auf einer ca. -5° kalten Platte wurden unter mikroskopischer Kontrolle jeweils zwei Gewebsstücke (100 – 200 mg) von Bindegewebe und Fett befreit. In den Gewebsstücken wurde bestimmt:

1. der Wassergehalt durch Trocknung bei 80° bis zur Gewichtskonstanz,
2. die Kalium- und Magnesiumkonzentration nach Ultraschallhomogenisation.

Aus diesen Werten ließ sich die Kalium- und Magnesiumkonzentration im Gewebswasser (μval/ml), bzw. in der Trockensubstanz (μval/g) errechnen.

Im Serum wurde die Kalium-, Magnesium- und Calciumkonzentration gemessen (Kalium: Flammenphotometer Eppendorf; Magnesium und Calcium: Atomabsorptionsspectrophotometer, Fa. Perkin Elmer). Das Blut wurde aus dem Schwanz entnommen. Es werden jeweils Mittelwerte und Standardabweichungen (SD) angegeben. Die Prüfung auf statistische Signifikanz erfolgte mit dem t-Test nach Student, wobei $p < 0{,}005$ gegenüber der Kontrolle als signifikant gewertet wurde.

Tabelle 1. Zusammensetzung der aus halbsynthetischen Komponenten bestehenden Grundration[1]

(Angaben in Prozent der lufttrockenen Substanz)

Sojaprotein (90 % R.P.)	24,00
Maisstärke	51,10
Saccharose	11,00
Sojaöl (raff.)	2,00
Cellulosepulver	3,00
Mineralstoffmischung	6,65
Vitaminvormischung	2,00
DL-Methionin	0,25
	100,00

[1] der Mg- und Na-Gehalt wurde für die einzelnen Rationen variiert.

Zusammensetzung der Mineralstoffmischung für 1000 g Futter.

$Ca\,HPO_4 \cdot 2H_2O$	g	15,00
$K_2\,HPO_4$	g	11,00
$Ca\,CO_3$	g	6,50
Na Cl	g	14,61
$Mg\,SO_4 \cdot 7\,H_2O$	g	3,50
$C_{12}\,H_{22}\,Fe\,O_{14} \cdot 2H_2O$	mg	800
$(CH_3COO)_2Mn \cdot 4H_2O$	mg	250
$Zn\,SO_4 \cdot 7H_2O$	mg	50
$(CH_3COO)_2 \cdot Cu \cdot 2H_2O$	mg	15
Na F	mg	1
KJ	mg	0,4
Maisstärke ad	g	66,5

Zusammensetzung der Vitaminvormischung für 1000 g Futter

Vitamin A	JE	5 000
Vitamin D_3	JE	300
Vitamin E	mg	60
Vitamin K_3	mg	2
Vitamin B_1	mg	4
Vitamin B_2	mg	4
Vitamin B_6	mg	6
Vitamin B_{12}	mcg	5
Pantothensäure	mg	12
Nikotinsäure	mg	20
Cholin	mg	1 000
Folsäure	mg	5
Biotin	mcg	200
Vitamin C	mg	40
Maisstärke ad	g	20,00

Ergebnisse

Klinische Zeichen des Magnesiummangels

Der Anstieg des Körpergewichtes, die Futteraufnahme und Trinkmenge der Mg-arm ernährten Tiere entsprach den Kontrollen.[1] Vasodilatation (rote Ohren), Hautläsionen oder neurologische Störungen wurden in keiner der drei Gruppen beobachtet.

Verhalten des Plasmamagnesiums (P_{Mg})

P_{Mg} Mg-arm ernährter Tiere (n=8) fiel innerhalb der ersten 10 Tage der Mg-armen Ernährung von 1.8 ± 0.2 mval/l auf 1.1 ± 0.08 mval/l. In dem weiteren Beobachtungszeitraum von 40 Tagen trat keine signifikante Abnahme mehr auf, P_{Mg} lag zwischen 0.85 ± 0.1 mval/l und 0.92 ± 0.12 mval/l. P_{Mg} der Kontrolltiere (n=8) blieb über den Beobachtungszeitraum von 50 Tagen konstant und lag zwischen 1.8 ± 0.4 mval/l und 1.9 ± 0.15 mval/l.

Knochenmagnesium (Femurschaft)

Bei vergleichbaren Wassergehalten des Femurschaftes (Kontrolltiere: 9.8 ± 0.6%, Mg-arm ernährte Tiere 9.0 ± 0,7%) betrug der Magnesiumgehalt des Femurschaftes bezogen auf das Trockengewicht bei den Kontrolltieren (n=6) 355.9±20.3 μval/g, bei den Mg-arm ernährten Tieren (n=8) 283.8 ± 26.1 μval/g ($P < 0.0005$) (Abb. 2).

Muskelmagnesium (M. quadriceps fem.)

Bei vergleichbaren Wassergehalten (Kontrolltiere: 75.4 ± 0.48%, Mg-arm: 75.1 ± 0,54) betrug die Magnesiumkonzentration im Gewebswasser der Kontrolltiere 30.7 ± 1.1 μval/ml, der Mg-arm ernährten Tiere 30.0 ± 1.2 μval/ml.

1 Zwischen den Tieren, die 43 μval/g Futter Magnesium erhielten, und denen, die 275 μval/g Futter erhielten, fand sichiin keinem der erhobenen Meßwerte ein signifikanter Unterschied. Beide Gruppen werden daher als „Kontrolle" gemeinsam aufgeführt.

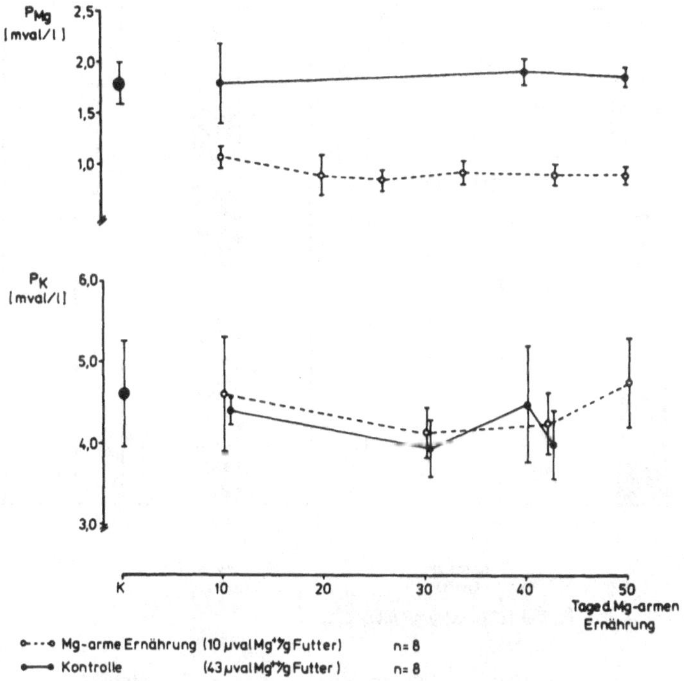

Abb. 1 Plasmamagnesiumspiegel (P_{Mg}) und Plasmakaliumspiegel (P_K) vor und zu verschiedenen Zeitpunkten Mg-armer Ernährung

Verhalten des Plasmakaliumspiegels (P_K)

P_K Mg-arm ernährter Tiere (n=8) (Abb. 1) zeigte über den Beobachtungszeitraum von 50 Tagen keine Änderung gegenüber den Kontrolltieren.

Die Kaliumbilanz

Die Kaliumbilanz wird angegeben als orale Kaliumaufnahme abzüglich der Kaliumexcretion in Stuhl und Urin (Δ ($A_K - E_K$)). Die tägliche Kaliumbilanz war erheblichen Schwankungen unterworfen (Abb. 3). Diese Schwankungen verstärkten sich mit der Dauer der Mg-armen Ernährung. Die Mittelwertberechnung über den gesamten Beobachtungszeitraum von 5 Tagen ergab für die Kontrolltiere eine positive Kaliumbilanz. Täglich wurden durchschnittlich ca. 60 μval K^*/100 g KG retiniert. Bei den Mg-arm ernährten Tieren fand sich vom 21. – 25. Tag ebenfalls eine positive Kaliumbilanz von durchschnittlich 60 μvalK $^+$/100 g KG.

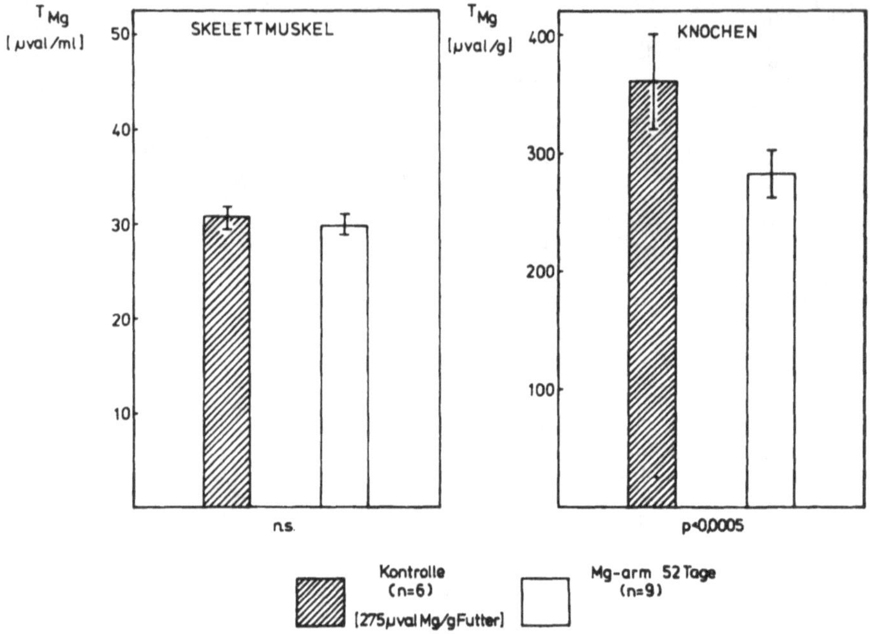

Abb. 2 links: *Magnesiumkonzentration (μval/m) im Gewebswasser des Skeletmuskels*
rechts: *Magnesiumkonzentration des Femurschaftes (μval/g Trockengewicht)*

Im weiteren Verlauf wurde die Kaliumbilanz bei den Mg-arm ernährten Tieren im Vergleich zu den Kontrolltieren negativ. Die tägliche Kaliumretention betrug vom 29. – 33. Tag nur noch ca. 3 μval/100 g KG. Vom 37. – 41. Tag war die Kaliumbilanz auch absolut negativ (–48 μvalK+/100 g KG / die), d. h. es wurden täglich 48 μval Kalium pro 100 g KG mehr ausgeschieden als aufgenommen. Vom 45. – 49. Tag nimmt der Kaliumverlust weiter zu: täglich wurden jetzt etwa 104 μvalK^+/100 g KG (Abb. 4) mehr ausgeschieden als aufgenommen.
Dieser Verlauf der Kaliumbilanz wurde durch die unterschiedliche Natriumzufuhr nicht beeinflußt.

Muskelkalium (M. quadriceps fem.)

Bei vergleichbarem Wassergehalt (Kontrolle: 75,4 ± 0.48%, Mg-arm: 75.1 ± 0.5%) betrug die Kaliumkonzentration im Gewebswasser des Muskels der Kontrolltiere 157.0±4.0 μval/ml (n=6), bei den Mg-arm ernährten Tieren 150.0±4.0 μval/ml (n=9) ($p < 0.005$).

Abb. 3 Die Differenz zwischen oraler Kaliumaufnahme (A_K) und Kaliumexcretion im Stuhl und Urin (E_K) in μval/100 g KG über einen Zeitverlauf von je 5 Tagen bei unterschiedlicher Natriumexcretion

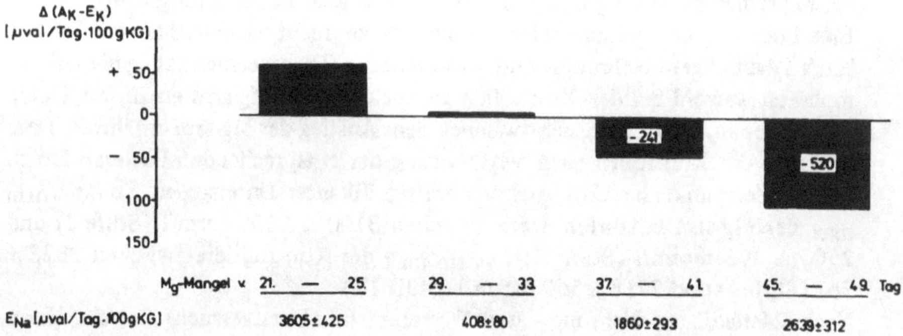

Abb. 4 Kaliumbilanz ($A_K - E_K$) über einen Zeitverlauf von je 5 Tagen bei unterschiedlicher Natriumexcretion

Verhalten des Plasmacalciumspiegels (P_{Ca})

Der P_{Ca} der Mg-arm ernährten Tiere zeigte über den gesamten Beobachtungszeitraum keinen signifikanten Unterschied zu den Kontrolltieren (Tabelle 2).

Tabelle 2: Plasmacalciumspiegel (P_{Ca}++) (mval/1) vom 9.–50. Tag Mg-armer Ernährung (Mittelwert ± SD von je 4 Tieren)

Tag nach Beginn der Mg-armen Ernährung	Kontrolle	Mg-arm
9.	4.94 ± 0.6	4.82 ± 0,33
29.	4.62 ± 0.06	4.25 ± 0.8
38.	4.80 ± 0.12	4.98 ± 0.28
41.	4.63 ± 0.28	4.84 ± 0.16
50.	4.97 ± 0.25	4.70 ± 0.12

Spontan eingestellte und nach 24 h Trinkflüssigkeit- und Nahrungskarenz erreichte Urinosmolarität bei vorangegangener unterschiedlicher Natriumzufuhr.

Die mittlere spontan eingestellte Urinosmolarität (U_{osm}) der Mg-arm ernährten Ratten (n=8) lag über den gesamten Versuchslauf zwischen 1375 ± 312 (Stufe III) und 1810 ± 375 (Stufe I) mosm/l. Zu keinem Zeitpunkt der Untersuchung war eine signifikante Abnahme gegenüber den Kontrollen nachweisbar. Bei verschiedenem Na-Gehalt des Futters (vergl. Methodik) lagen die Harnvolumen zwischen 3.1 ± 0.7 (Stufe I) und 7.4 ± 0,9 (Stufe III) ml/100g KG/Tag (Abb. 5). Ein Unterschied zu den vergleichbaren Untersuchungsabschnitten der Kontrolle bestand nicht. Daraus folgt, daß auch bei unterschiedlicher osmotischer Belastung bei Mg-armer Ernährung über den hier vorliegenden Beobachtungszeitraum eine Einschränkung der spontanen Harnkonzentration nicht nachweisbar war.

Nach 24stündigem Nahrungs- und Wasserentzug (Durstversuch) stieg die Urinosmolarität sowohl bei den Kontrollen als auch bei den Mg-arm ernährten Tieren signifikant an. Dabei fand sich zwischen dem Anstieg der Mg-arm ernährten Tiere und dem der Kontrollen nach Verfütterung der entsprechenden Futterstufen zu keinem Zeitpunkt der Untersuchung ein signifikanter Unterschied. So lag $U_{osm\ max}$ der Mg-arm ernährten Tiere zwischen 3100 ± 215 mosm/l (Stufe I) und 2500 ± 375 mosm/l (Stufe III), $U_{osm\ max}$ der Kontrolltiere zwischen 2822 ± 361 (Stufe I) und 2718 ± 560 mosm/l (Stufe III).

Nach 24stündigem Nahrungs- und Wasserentzug (Durstversuch) fiel das Harnvolumen sowohl bei den Kontrolltieren als auch bei den Mg-arm ernährten Tieren (Abb. 5) signifikant ab. Dabei fand sich zwischen dem Abfall bei den Mg-arm ernährten Tieren und den der Kontrollen zu keinem Zeitpunkt der Untersuchung ein signifikanter Unterschied. Das 24 Stunden Harnvolumen im Durstversuch lag bei den Mg-arm ernährten Tieren zwischen 1.8±0.7 ml/100 g KG / die (Stufe III) und 0.9±0.6 ml/100 g KG / die (Stufe I), bei den Kontrollen zwischen 2.0±0.5 ml/100 g KG / die (Stufe III) und 1.0±0.5 ml/die /100 g KG (Stufe II).

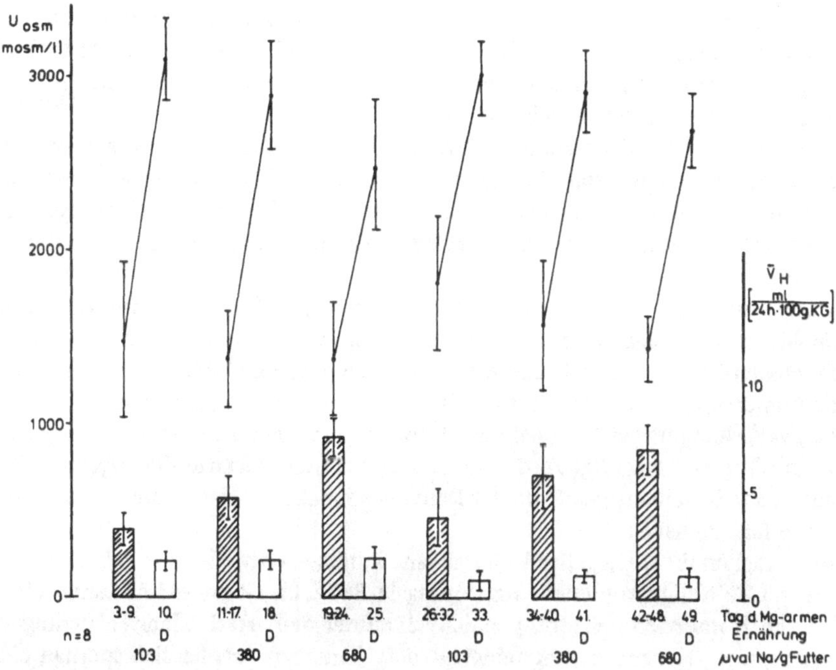

Abb. 5 Spontan eingestellte und nach 24stündiger Flüssigkeits- und Nahrungskarenz (Durstversuch = D) erreichte Urinosmolarität bei unterschiedlicher osmotischer Belastung und zu verschiedenen Zeitpunkten der Mg-armen Ernährung

Diskussion

Vergleichbare Herabsetzung des Magnesiumgehaltes der Nahrung führt bei Ratten nicht bei allen untersuchten Altersgruppen zu den gleichen Erscheinungen. Nach *Hunt,* [4] entwickeln nur junge Tiere das klassische Bild des Magnesiummangels (Gewichtsabnahme, Hautveränderungen, Vasodilatation (rote Ohren), neurologische Symptome, Exitus). Bei alten Tieren dagegen sind diese Zeichen nicht oder nicht so ausgeprägt vorhanden. Es kommt meist nur zu einer Abnahme des Plasma- und Knochenmagnesiums. Der Grund scheint darin zu liegen, daß wachsende Tiere durch die Neubildung von Gewebe einen erhöhten Magnesiumbedarf besitzen.

Bei den von uns verwendeten ca. 346 g schweren Tieren und einem Magnesiumgehalt von 10 μval/g Futter kann damit das Fehlen klinischer Zeichen erklärt werden. Gleichwohl war im Plasma und im Knochen eine Verminderung des Magnesiumbestandes nachweisbar, wohingegen in parenchymatösen Organen (Muskel, Leber) keine Unterschiede gegenüber den Kontrollen bestanden. Dieser

Zustand der Tiere soll in Übereinstimmung mit *Hunt* als „subakuter Magnesiummangel" bezeichnet werden, der somit formal durch eine verminderte Plasmamagnesiumkonzentration und eine teilweise Entleerung des „Magnesiumreservoirs" im Knochen gekennzeichnet ist.
Bei dieser Art des Magnesiummangels kam es, wenn auch zunächst nur zu einer diskreten, im Laufe von 50 Tagen jedoch deutlich nachweisbaren negativen Kaliumbilanz, d. h. die renalen und extrarenalen Kaliumverluste überstiegen die orale Kaliumzufuhr, die sicher ausreichend war, den Kaliumbedarf dieser Ratten zu decken.
Wachsende Ratten haben eine positive Kaliumbilanz. Unsere Kontrollen wiesen im Mittel eine tägliche Kaliumretention von ca. 60 μval/100 g KG bei einer durchschnittlichen Gewichtszunahme von 1.36 g/Tag auf. *Möhring*, der kürzlich Kalium-Bilanzen von Ratten mitteilte [7] fand eine Kaliumretention von ca. 80 μval/g Körpergewichtszunahme. Diese gute Übereinstimmung mit unseren Kontrolltieren berechtigt zu der Annahme, auch das Ausmaß der negativen Kaliumbilanz in Abhängigkeit von der Dauer des subakuten Magnesiummangels korrekt erfaßt zu haben.
Als Ursachen für die negative Kaliumbilanz kommen entweder eine zelluläre oder eine renale Kaliumkonservierungsstörung in Betracht. Gegen die Annahme einer renalen Konservierungsstörung spricht die unter den verschiedensten Bedingungen geprüfte Konzentrierungsfähigkeit der Niere. So war die sich spontan einstellende Urinosmolarität bei unterschiedlicher osmotischer Belastung, wie aber auch die maximale Konzentrierung zu keinem Zeitpunkt des subakuten Magnesiummangels vermindert. Will man trotzdem eine unzureichende renale Kalium-Konservierung annehmen, so könnte sich diese nur isoliert auf das Kalium beziehen, da weder Natrium- noch Wasserbilanz Störungen aufwiesen. Es ist daher viel wahrscheinlicher, eine zelluläre Kaliumkonservierungsstörung anzunehmen.
Von besonderer Bedeutung scheint dabei zu sein, daß sich dieser Kalium-Verlust auch nachweisen läßt, wenn das Magnesium der parenchymatösen Organe nicht vermindert gefunden wird; man muß demnach erwarten, daß schon geringste Änderungen der zellulären Magnesiumkonzentration den transmembranalen Elektrolyttransport beeinflussen. Die Plasmakonzentrationen von Magnesium- und Kalium hingegen korrelierten nicht mit der Kaliumbilanz; sie sind daher kein Indikator für den aufgetretenen Kaliumverlust.
Die unzureichende Konzentrierungsfähigkeit der Rattenniere bei diätetisch induziertem Kaliummangel ist gut gesichert [1, 3, 8]. Ob zwischen dem durch Magnesiummangel induzierten und dem diätetischen Kaliummangel bezüglich dieser Nierenpartialfunktion Unterschiede bestehen, kann nicht entschieden werden. Mitteilungen über den quantitativen Zusammenhang zwischen Kaliumdefizit und Konzentrierungsschwäche liegen nur vereinzelt vor. So beschreibt *Hollander* [3] lediglich bei diätetisch induzierter Erniedrigung des Muskelkaliums von etwa 10% das Auftreten eingeschränkter renaler Konzentrierungsfähigkeit.

Da in unseren Untersuchungen die Erniedrigung des Muskelkaliums im Mittel nur ca. 5% betrug, kann nicht ausgeschlossen werden, daß sich die Konzentrierungsstörung erst nach länger dauerndem subakuten Magnesiummangel einstellt.

Literatur

[1] Brunner, Felix P., F.C. Rector jr. and D.W. Seldin: The Mechanism of the Urinary Concentrating Defect in Potassium Deficient Rats. Pflügers Archiv **290**, 202–210 (1966).

[2] Cotlove, E., M.A. Holliday, R. Schwartz and W.M. Wallace: Effects of electrolyte depletion and acid-base disturbance on muscle cations. Am. J. Physiol. **167**, 665 (1951).

[3] Hollander, W. jr., R.W. Winters, T.F. Williams, J. Bradley, J. Oliver and L.G. Welt: Detect in the Renal Tubular Reabsorption of Water Associated With Potassium Depletion in Rats. Am. J. Physiol. **189** (3), 557–563 (1957).

[4] Hunt, B.: Age and magnesium deficiency in the rat with emphasis on bone and muscle magnesium. Am. J. Physiol. **221** (6), 1809–1817 (1971).

[5] MacIntyre, I., and D. Davidsson: The Production of Secondary Potassium Depletion, Sodium Retention, Nephrocalcinosis and Hypercalcaemia by Magnesium Defiency. Biochem. J **70**, 456 (1958).

[6] Manitius, A., and F.J. Epstein: Some observations on the influence of a magnesium-deficient diet on rats, with special reference to renal concentrating ability. J. Clin. Invest. Vol. **42**, No. 2 (1963).

[7] Möhring, J., and B. Möhring: Evaluation of sodium and potassium balance in rats. J. Appl. Physiol. **33**, (5), (1972).

[8] Relman, A.S., and W.B. Schwartz: The kidney in potassium depletion. Am. J. Med. **24**, 764 (1958).

[9] Schwartz, W.B., and A.S. Relman: Effects of electrolyte disorders on renal structure and function. New Engl. J. Med., Vol. **276**, 7, 38B (1967).

[10] Smith, W.O., D.J. Baxter, A. Lindner, and H.E. Ginn: Effect of magnesium depletion on renal function in the rat. J. Lab. Clin. Med. **59**, 211 (1962).

[11] Whang, R., and L.G. Welt: Observations in experimental magnesium depletion. J. Clin. Invest. Vol. **42**, Nr. 3 (1963).

Diskussion

Saborowski: Wie bestimmen Sie die einzelnen Kompartimente, den Extrazellulärraum und den Intrazellulärraum? Ihre Angaben beziehen sich ja offenbar auf Konzentrationen unter Berücksichtigung des intrazellulären Wassers.

Kaczmarczyk: Wir können das intrazelluläre Kompartiment nicht angeben, da wir keine EZF-Bestimmung gemacht haben. Die hier angegebenen Konzentrationen beziehen sich auf Gewebswasser und für den Knochen auf Trockengewicht.

Reinhardt: Was vielleicht nicht ganz deutlich herausgekommen ist: Wie ist denn die Einschränkung der Konzentrierungsfähigkeit zu klären? Wie ist der Befund anderer Autoren zu erklären, die schon bei relativ gering vermehrter Kaliumausscheidung eine negative Beeinflussung der Konzentrierungsfähigkeit gesehen haben?

Kaczmarczyk: Der entscheidende Widerspruch besteht zu der Arbeit von *Smith, Baxter* und *Ginn*, die bei Magnesiummangel die Kaliumaufnahme nicht gemessen haben. Damit ist unklar, ob nicht ein diätietischer Kaliummangel zu der bekannten Störung der Konzentrierungsfähigkeit geführt hat.

Eckart: Diese Kaliumbilanzen waren nicht ausgeglichen zu halten oder war die Zufuhr geringer als die Ausfuhr? Wenn die Kaliumbilanz nicht positiv zu halten war, dann müßte ja bei Patienten, die über 6 Monate parenteral ernährt worden sind, und bislang ist es ja so, das hat *Coats* gemacht und haben andere Leute gemacht, dann müßten diese Patienten ja auch einen exzessiven Kaliumverlust über Monate gehabt haben, den man aber eigentlich nicht gefaßt hat.

Kaczmarczyk: Zunächst zu der ausreichenden Kaliumzufuhr. Bei unseren Tieren war die Futteraufnahme gleichgeblieben. Wir haben einen Kaliumgehalt im Futter von etwa 150/uval pro Gramm. *Whang* und *Welt* konnten zeigen, daß bei Magnesiummangel die Verdoppelung des Kaliumangebotes mit der Nahrung die Abnahme des Muskelkaliums nicht verhindert. Das Problem ist hier nicht die Kaliumzufuhr. Selbst wenn diese mehr als ausreichend ist, kommt es bei Magnesiummangel zu einer negativen Kaliumbilanz. Die Konsequenz wäre die Erhöhung der Magnesiumzufuhr: allein dadurch sollte sich die Kaliumbilanz wieder normalisieren. Dabei sieht es so aus, als ob die Normalisierung des Magnesiumplasmaspiegels vor der Normalisierung der Kaliumbilanz eintritt.

Reinhardt: Ich darf noch eine Ergänzung machen. In diesen Untersuchungen war der Zugang zum Futter frei, d. h. die Tiere hätten mehr fressen können, um ihren Kaliumbedarf zu decken. Sie haben aber nicht mehr gefressen, einen „Kaliumhunger" scheint es danach, zumindest in dem untersuchten Bereich, nicht zu geben.

Verhalten des Magnesiumstoffwechsels nach Applikation von Herzglykosiden

H. Wilke

Über die Beeinflussung des Natrium- und Kalium- sowie des Calciumstoffwechsels durch Herzglykoside gibt es zahlreiche theoretisch-medizinische und klinische Untersuchungen. Es besteht weitgehende Übereinstimmung, daß Herzglykoside über eine Hemmung der magnesiumabhängigen Membran-ATPase zu einer Verminderung der intrazellulären Kalium- und zu einer Vermehrung der Natrium-Konzentration führen [1, 2]. Nach *Greeff* [3] soll die intrazelluläre Konzentration der freien Calciumionen auf diesem Wege erhöht werden. Dadurch kommt es nach dem Prinzip der elektromechanischen Kopplung zu einer vermehrten Muskelfaserkontraktion. Ob derartige Elektrolytverschiebungen bereits bei therapeutischen Herzglykosiddosen [4] oder erst bei toxischen Dosen [5,6] auftreten, ist umstritten. Abb. 1 zeigt ein Modell des Kalium-Natrium-Transportes durch die Zellmembran mittels eines Carrier-Moleküls X (nach *Baker*) [7]. Danach besitzt das Carrier-Molekül X eine hohe Natriumaffinität, das phosphorylierte Carrier-Molekül XP eine hohe Kaliumaffinität. Das Carrier-Molekül gelangt mit 3 Na^+-Ionen als X–PNa_3 über die Orte S_1, S_2, S_3, an die Außenseite der Membran und tauscht dort die gebundenen drei Na^+-Ionen gegen zwei K^+-Ionen aus. Möglicherweise ist der Carrier mit der ATPase oder einem Teil derselben identisch. Die Wirkung von Herzglykosiden ist somit auf eine Hemmung der enzymatischen Funktion des Carrier-Moleküls beim Kationenaustausch zurückzuführen.

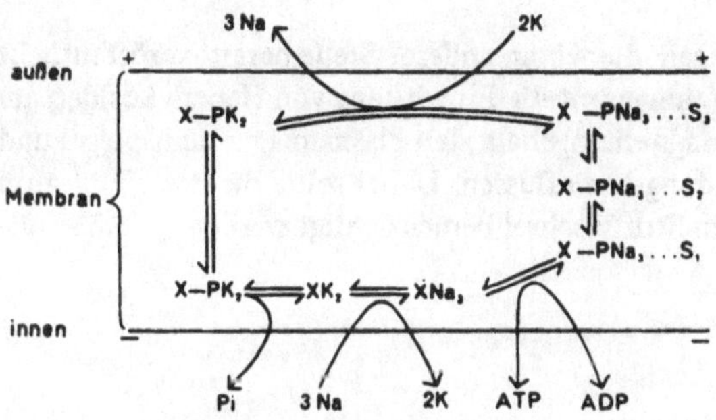

Abb. 1 Modell der Na-Pumpe mit abwechselnder Phosphorylierung und Dephosphorylierung eines in der Membran kreisenden Carriermoleküls.

Über die Beeinflussung des Magnesiumstoffwechsels durch Herzglykoside gibt es vergleichsweise nur wenige Untersuchungen. Aufgrund der Experimente von *Rothstein* et al. [8, 9] mit Hefezellen erfolgt der physiologische Magnesiumtransport ebenfalls mittels eines aktiven Transportsystems. Ein entsprechendes Schema nach *Hänze* [10] zeigt Abb. 2. Wie *Hänze* in eigenen Versuchen zeigen konnte, ist eine Beeinflussung des Magnesiumtransportsystems durch Herzglykoside zumindest nicht auszuschließen. Ergänzend seien noch die Arbeiten von *Aikawa* [11] erwähnt, der feststellte, daß chronische Digitoxingaben bei Kaninchen zu einer Zunahme des austauschbaren Magnesiums im Organismus führen, sowie die von *Seller* et al. [12], der vermutet, daß Änderungen des Magnesiumstoffwechsels ähnlich wie solche des Kaliumstoffwechsels zu einer verminderten Toleranz gegenüber Herzglykosiden führen können. Ähnlich äußert sich auch *Greeff* [13]. Er weist darauf hin, daß zwischen Magnesium-Ionen und Herzglykosiden bezüglich der pharmakologischen Wirkungen ein Antagonismus besteht.

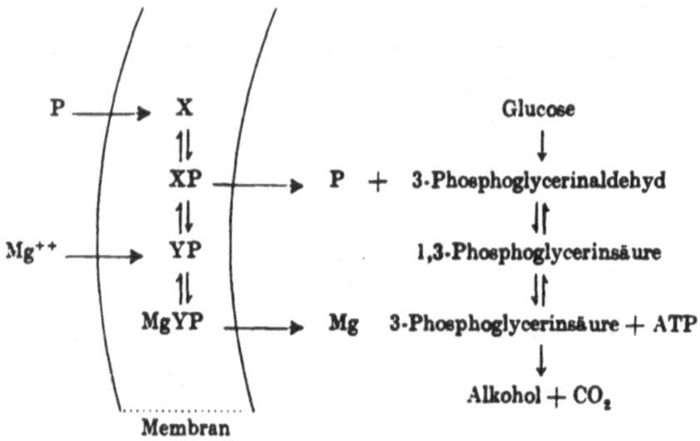

Abb. 2 Aktiver Mg-Transport durch die Zellmembran. Modell eines Transportsystems (Hänze 1962)

Die vorliegenden Untersuchungen, die wir an anderer Stelle bereits veröffentlicht haben [14, 15], sollten klären, inwieweit die Einwirkung von Herzglykosiden am Ganztier den intrazellulären Magnesiumgehalt, den Plasmamagnesiumspiegel und die renale Magnesiumausscheidung beeinflussen. Dabei sollte die Beziehung zum Natrium-, Kalium- und Calcium-Stoffwechsel berücksichtigt werden.

Methodik

Meerschweinchen der Gewichtsklasse 200–400 g erhielten jeweils die halbe Letaldosis k-Strophanthin (0,33 mg/kg) Digoxin (0,45 mg/kg) oder Digitoxin (0,78 mg/kg) intraperitoneal. Kontrolltieren wurden analoge Mengen des Lö-

sungsvermittlers (Ringer-Lösung oder Äthylalkohol) injiziert. Zur Erzeugung einer subchronischen Intoxikation injizierten wir über 5 Tage täglich 1/4 der Letaldosis intraperitoneal.
Die Herstellung eines Erythrozytenkonzentrates erfolgte nach den Angaben von *Riecker* [16]. Natrium, Kalium und Calcium bestimmten wir flammenphotometrisch, Magnesium mit Hilfe des Reagenziensatzes „Mercko-Test" photometrisch [17]. Zur Magnesiumbestimmung in Erythrozyten war eine Enteiweißung mit 5% Trichloressigsäure erforderlich. Auf diese Weise wurde das die Messungen störende Hämoglobin entfernt.
Der intrazelluläre Kalium- und Magnesiumgehalt wurde im wesentlichen über den Chloridraum berechnet. Er beträgt für den Herzmuskel des Meerschweinchens etwa 9%, für den Skeletmuskel 20%.

Ergebnisse

Als Parameter für die Herzglykosidwirkung dienten uns die bereits bekannten Veränderungen des Kaliumstoffwechsels. Erwartungsgemäß kam es nach Injektion von k-Strophanthin oder Digoxin zu einem signifikanten Anstieg des Plasma-Kalium-Spiegels (Tab. 1). Digitoxin zeigte in der verwendeten Versuchsanordnung vermutlich infolge der verzögerten Resorption keine Wirkung und wurde daher in der Tabelle nicht berücksichtigt. Der Kaliumanstieg beruht auf einer verstärkten Kaliumabgabe aus den Zellen infolge Hemmung der Kalium-Natrium-induzierten Transport-ATPase. Der Plasmamagnesiumspiegel verhält sich ähnlich. Ein signifikanter Anstieg kann allerdings nur nach der Injektion von Digoxin nachgewiesen werden. Auch nach subchronischer Intoxikation mit k-Strophanthin ist die Erhöhung des Plasma-Kalium- und Magnesiumspiegels noch deutlich nachweisbar. Es besteht jedoch kein signifikanter Unterschied zu den Kontrolltieren. Die Kalium- und Magnesiumgehalte der Erythrozyten steigen (nicht signifikant) an. Bildet man die Konzentrationsgradienten zwischen intra- und extrazellulärer Kationenkonzentration, so zeigt sich eine signifikante Verminderung als Ausdruck der Verschiebung von Kalium- und Magnesiumionen vom Intra- in den Extrazellularraum. In Abb. 3 haben wir die enge Beziehung zwischen dem Kalium- und Magnesiumgehalt der Erythrozyten durch Berechnung des Korrelationskoeffizienten dargestellt. Untersucht man die Wirkung von toxischen Herzglykosiddosen auf den Kalium- und Magnesiumgradienten der Zellmembranen von Herzmuskel- und Skeletmuskelzellen (Tab. 2), so findet sich gegenüber den Kontrollen eine deutliche Verminderung für beide Kationen. Die beobachteten graduellen Wirkungsunterschiede der verwendeten Herzglykoside sind – wie bereits erwähnt – wohl auf eine unterschiedliche Resorption in der Peritonealhöhle zurückzuführen. Die Ursache der auch von *Hochrein* et al. [18] beobachteten Abnahme des Magnesiumkonzentrationsgradienten ist bisher noch

Tabelle 1. Kalium- und Magnesiumgehalt nach Herzglykosidintoxikation (Mittelwerte mit Standardabweichung; Bestimmung der mittleren Gradienten aus den einzelnen Wertepaaren)

	Kalium			Magnesium		
	Plasma	Erythro-cyten	$Grad_{K^+}$	Plasma	Erythro-cyten	$Grad_{Mg^{++}}$
Kontrollen (15)	4,7±0,5	93,9±10,9	21,0	2,1±0,3	5,7±1,8	2,7
Akut:						
k-Strophanthin (9)	6,2±1,1[a]	99,6±29,0	16,7[a]	2,2±0,5	4,8±1,3	2,1[a]
Digoxin (9)	5,4±0,6[a]	105,1±18,6	19,8	2,5±0,3[a]	6,3±1,8	2,3[a]
Subchronisch:						
k-Strophanthin (6)	5,0±1,1	124,6±47,6	23,6	2,3±0,2	6,6±2,6	2,9

[a] Das Ergebnis ist statistisch signifikant ($p < 0,05$).
Zahl der Versuchstiere in Klammern. Grad = Konzentrationsgradient an der Zellmembran.

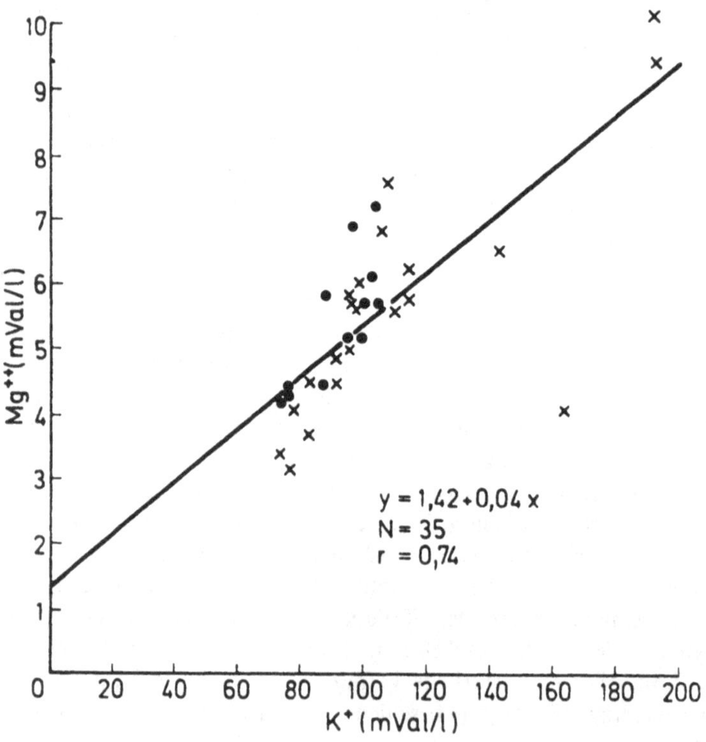

Abb. 3 Beziehungen zwischen dem Kalium- und Magnesiumgehalt der Erythrocyten nach Herzglykosidintoxikation. x Versuchstiere, Kontrollen

Tabelle 2. Wirkung von toxischen Herzglykosiddosen auf den Kalium- und Magnesiumgradienten der Zellmembran

	$Grad_K = \frac{K_{intrac.}}{K_{extrac.}}$	Abnahme (%)	$Grad_{Mg} = \frac{Mg_{intrac.}}{Mg_{extrac.}}$	Abnahme (%)
Erythrocyten				
Kontrollen	21,0		2,7	
k-Stroph.	16,7	−19,8[a]	2,1	−22,2[a]
Digoxin	19,8	−5,7	2,3	−14,8[a]
Herzmuskelzellen				
Kontrollen	18,2		12,0	
k-Stroph.	12,5	−31,3[a]	10,2	−15,0
Digoxin	15,2	−16,4[a]	11,3	−5,8
Skeletmuskelzellen				
Kontrollen	32,3		15,6	
k-Stroph.	23,6	−26,9[a]	13,8	−11,5
Digoxin	27,0	−16,4[a]	16,2	+3,9

Bestimmung der mittleren Gradienten aus den einzelnen Wertepaaren.
[a] Das Ergebnis ist statistisch signifikant ($p < 0,05$).

ungeklärt, da für Magnesium kein herzglykosidempfindliches Carriersystem nachgewiesen werden konnte.

Die renale Magnesiumausscheidung weist enge Beziehungen zur renalen Calciumausscheidung auf [10,19,20]. Das Calcium/Magnesiumverhältnis im Urin beträgt nach *Mertz* [19] bei forcierter Diurese 1,8:1. Wir fanden bei unseren Versuchstieren ein Verhältnis von 1,5:1. Nach Verabreichung von Herzglykosiden kommt es zu einer Erniedrigung der renalen Calcium- und Magnesiumausscheidung (Tab. 3). Da das Harnvolumen nicht beeinflußt wird, können wir entsprechende Konzentrationen vergleichen. Auffällig ist die starke Kaliurese, die auf den erhöhten Plasma-Kalium-Spiegel zurückzuführen sein dürfte. Eine verminderte Calciumausscheidung ist möglicherweise auf den vermehrten Einstrom von Calciumionen in das Myoplasma von Herz- und Skeletmuskelzellen zurückzuführen [9,21]. Allerdings konnten wir keine entsprechende Verminderung des Plasma-Calcium-Spiegels nachweisen.

Nach *Hänze* und *Seybert* [22] kann Magnesium in den distalen Tubuli der Niere sezerniert werden. Eine Verminderung der renalen Magnesiumausscheidung ist somit durch Hemmung der tubulären Sekretion denkbar. Eine Verminderung der Natrium-Ausscheidung, die zu einer verminderten Magnesium-Ausscheidung führen soll [10, 20], konnten wir nicht nachweisen.

Tabelle 3. Renale Elektrolytausscheidung des Meerschweinchens nach Herzglykosidintoxikation (in mval/l)

	Harnvol. (ml)	Magnesium	Kalium	Calcium	Natrium
Kontrollen (22)	10,5±4,9	10,4±5,2	14,5± 5,7	17,8± 9,4	8,4±7,6
k-Stroph. (9)	12,2±2,5	6,8±4,2[a]	29,2±11,9[a]	8,2± 6,3[a]	7,1±5,2
Digoxin (4)	11,7±5,2	5,4±3,7[a]	13,1± 4,5	12,4± 4,3	14,5±6,3[a]
Digitoxin (10)	10,5±3,0	11,5±5,3	15,6± 7,4	18,2±15,0	7,1±5,9

Angabe der Mittelwerte mit Standardabweichungen. Zahl der Versuchstiere in Klammern.
[a] Das Ergebnis ist statistisch signifikant ($p < 0,05$).

Literatur

[1] Glynn, I.M.: The action of cardiac glycosides on ion movements. Pharmacol. Rev. **16**, 381–407 (1964).

[2] Glitsch, H.G.: Über einige Eigenschaften des aktiven Na^+-Transportes am Myocard. Dtsch. med. Wschr. **95**, 963–970 (1970).

[3] Greeff, K.: Neue pharmakologische Erkenntnisse über den Wirkungsmechanismus der Digitalisglykoside. Therapiewoche **18**, 581–590 (1968).

[4] Hadju, S., and E. Leonhard: The cellular basis cardiac glycoside action. Pharmacol. Rev. **11**, 173–209 (1959).

[5] Tuttle, R.S., P.N. Witt, and A. Farah: The influence of Quabain on intracellular sodium- and potassium concentrations in rabbit myocardium. J. Pharmacol. exp. Ther. **133**, 281–287 (1961).

[6] Klaus, W., G. Kuschinsky und H. Lüllmann: Über die Wirkung therapeutischer und toxischer Strophanthinkonzentrationen auf den Kalium-Flux und den Kalium- und Natriumgehalt von Herzmuskulatur. Klin. Wschr. **40** 823–824 (1962).

[7] Baker, P.F.: The sodium pump. Endeavour **25**, 166–172 (1966).

[8] Rothstein, A.: Ion exchange properties of cells and tissues in: Ion exchances in organic and biochemistry. ed. C. Calmon, R.R.E. Kressmann, 213 Interscience Publ. Inc. New York 1957.

[9] Rothstein, A., A. D. Hayes, D. Jennings and D. Hooper: The active Transport of Mg^{++} and Mn^{++} into the yeast cell. J. Gen. Physiol. **41**, 585 (1958).

[10] Hänze, S.: Der Magnesiumstoffwechsel. Thieme, Stuttgart 1962.

[11] Aikawa, J.K., Reardon, I.Z. and P.R. Harms: Effects of Digitoxin on exchangeable and tissue contents of magnesium. Proc. Soc. exp. Biol. (N.Y.) **108**, 684–686 (1961).

[12] Seller, R.H., and I.H. Moyer: Magnesium and digitalis toxicity. Heart Bull. **18**, 32–35 (1969).

[13] Greeff, K.: Kalium und Digitalistoxicität. Kolloquium über Kalium-Magnesium-Aspartat. Stuttgart-N. Y. Schattauer 1969, S. 91–99.

[14] Malorny, G. und H. Wilke: Untersuchungen zum Magnesiumstoffwechsel des Meerschweinchens nach akuter Herzglykosideinwirkung. Z. ges. exp. Med. **156**, 1–10 (1971).

[15] Wilke, H. und G. Malorny: Korrelation zwischen dem Kalium- und Magnesiumstoffwechsel nach akuter und subchronischer Intoxikation mit Herzglykosiden, Klin. Wschr. **49**, 1096–1097 (1971).

[16] Riecker, G.: Über den intrazellulären Wasser- und Elektrolytenstoffwechsel. Untersuchungen an Erythrozyten. Klin. Wschr. **35**, 1158 (1957).

[17] Richterich, R.: Klinische Chemie, Frankfurt/M. Akad. Verlagsges. 1968, S. 198–199.

[18] Hochrein, H., H.J. Kuschke, R. Zagga und E. Fahl: Das Verhalten der intrazellulären Magnesiumkonzentration im Myocard bei Insuffizienz, Hypoxie und Kammerflimmern. Klin. Wschr. **45**, 1093–1096 (1967).

[19] Mertz, D.P.: Untersuchungen über die physiologischen renalen Ausscheidungsverhältnisse von Magnesium und Calcium. Klin. Wschr. **35**, 1171–1175 (1957).

[20] Kupfer, S., and I.D. Kosovsky: Effects of cardiac glycosides on renal tubular transport of calcium, magnesium, inorganic phosphate and glucose in the dog. J. clin. Invest. **44**, 1132–1141 (1965).

[21] Klaus, W. und H. Lüllmann: Calcium als intrazelluläre Überträgersubstanz und die mögliche Bedeutung dieses Mechanismus für pharmakologische Wirkungen. Klin. Wschr. **42**, 253–259 (1964).

[22] Hänze, S. und H. Seybert: Untersuchungen der Wirkung der Diuretica Furosemid, Etacrynsäure und Triamteren auf die renale Magnesium- und Calciumausscheidung. Klin. Wschr. **45**, 313–314 (1967).

Diskussion

Lüderitz: Wir haben am Meerschweinchenmyokard den Einfluß herzaktiver Glykoside auf die intrazelluläre Kalium- und Natriumkonzentration untersucht. Dabei ergab sich, daß g-Strophanthin (Ouabain) mit steigender Konzentration ($5 \cdot 10^{-7}$M/l – $1{,}5 \cdot 10^{-6}$M/l Ouabain) zu einer zunehmenden Kaliumabnahme und Natriumzunahme des Myokards führt. Im Vergleich zu Ihren Untersuchungen haben wir den Extrazellulärraum als „Inulinraum" bestimmt und sind in Übereinstimmung mit zahlreichen Autoren (*Page, Lee* u. a.) zu einem anderen Ergebnis gekommen: Beim Meerschweinchen der gleichen Gewichtsklasse ergab sich ein Extrazellulärraum von 30,7 (s= ± 2,4)%. Es stellt sich damit die Frage: Inwieweit erfahren die dargestellten Elektrolytuntersuchungen durch den unterschiedlichen Inulin- bzw. Extrazellulärraum eine Relativierung?

Wilke: Zunächst zur Frage des Rezeptors ATPase: Selbstverständlich handelt es sich hier um eine Hypothese. Die Untersuchungen sind ja im wesentlichen an Krebsnerven oder anderen isolierten Organen durchgeführt worden und damit ist noch nichts über die Wirkung in der Herzmuskelzelle in vivo gesagt.
Die Bestimmung des Extrazellularraumes sind ohnehin problematisch. Wenn man die Literatur vergleicht, findet man sehr große Schwankungen, die von 9 %, so wie wir sie berechnet haben, bis zu 40 % gehen.

Udes: Sind Sie von einer definierten Ernährung der Meerschweinchen ausgegangen und wie hat diese Ernährung ausgesehen?

Wilke: Wir haben eine Standarddiät („Altromin“-Meerschweinchen-Diät) verwendet, die ein physiologisches Gedeihen der Versuchstiere gewährleistet. Aus welchen Komponenten diese besteht, kann einer Tabelle der Herstellerfirma entnommen werden.

Udes: Da die Mineralstoffe in den handelsüblichen Standarddiäten, aber auch die anderen Nährstoffe in diesen Diäten sehr schwanken, ist es doch fraglich, ob man dadurch nicht so manche Falschinterpretation bekommt.

Wilke: Ich glaube, daß man diesen Faktor bei kurz dauernden Versuchen wohl vernachlässigen kann, zumal die Tiere am Abend vorher nüchtern gesetzt wurden.

Saborowski: Ich wollte Herrn *Lüderitz* und Herrn *Wilke* eine Frage stellen: Wie lange haben Sie gewartet, bis Sie Ihren Extrazellulärraum als Inulinraum bestimmt haben? Denn da geht ja ein erheblicher Zeitfaktor ein, und noch die Frage: Wie haben Sie das Chlorid bestimmt? Mit der Silberelektrode?

Lüderitz: Als Untersuchungssubstanz zur Ermittlung des „Inulinraums“ wurde Inutest gewählt. Inutest ist ein Polyfructosan inulinartiger Natur, welches gegenüber Inulin den Vorteil einer besseren Löslichkeit in Wasser und des geringeren Molekulargewichtes aufweist (mittleres Molekulargewicht des Inutests: ca. 3 000; Molekulargewicht des Inulins: ca. 5 000). Unter Berücksichtigung der zur Äquilibrierung des Inutests notwendigen Inkubationsdauer erfolgt der Nachweis mit Hilfe der *Ihl-Pechmann*'schen Reaktion mit Diphenylamin.

Eine neue Methode zur zuverlässigen Bestimmung des ionisierten Kalziums in Plasma und Serum[1]

K. Paschen, C. Fuchs, D. Knoll und C.A. Fuchs

Die Kenntnis über die Konzentration des ionisierten Kalziums als wichtigste biologisch wirksame Fraktion des Serumkalziums, ist heute von grundlegender Bedeutung sowohl in der Erforschung des Kalziumstoffwechsels wie in der Diagnose und Therapiekontrolle von Kalzium-Stoffwechselstörungen. Von den drei Kalziumfraktionen des Serums – der proteingebundenen, der komplexgebundenen und der ionisierten Fraktion – ist lediglich das ionisierte Kalzium im engeren Sinne biologisch aktiv. Die Konzentration des ionisierten Kalziums wird vom Organismus in sehr engen Grenzen konstant gehalten. Der prozentuale Anteil der Fraktionen am Gesamtanteil im Serum ist unter anderem vom Eiweißgehalt, vom pH-Wert und vom Gehalt an Komplexbildnern wie z. B. Citrat und Aspartat abhängig. Leider besteht zwischen der Konzentration des ionisierten Kalziums und der Gesamtkalziumkonzentration des Serums keine Korrelation, so daß die bisher allgemein gebräuchliche Bestimmtung des Gesamtkalziums nicht ausreichend ist. Bisher übliche Methoden zur Bestimmung des ionisierten Kalziums mittels Bioassay oder nach indirekten chemischen Verfahren sind ungenau, unspezifisch, zeitraubend oder kompliziert, so daß sie weder im klinisch-chemischen Routinelabor noch im Forschungslabor in größerem Ausmaß angewandt wurden. Erst seit der Entwicklung von ionenselektiven Kalziumelektroden ist es möglich, die Konzentration des ionisierten Kalziums im Serum direkt zu messen. Auf Grund methodischer und apparativer Schwierigkeiten war der Gebrauch derartiger Elektroden bisher nur sehr wenigen Laboratorien vorbehalten. Im folgenden möchten wir daher über eine von uns vereinfachte zuverlässige Methode zur exakten Kalziumionenbestimmung in Plasma und Serum berichten.

Meßprinzip ionenselektiver Kalziumelektroden

Das Meßprinzip ionenselektiver Kalziumelektroden ähnelt in vielen Punkten dem von pH-Glaselektroden. Die Serumprobe steht über eine poröse Membran mit einem flüssigen organischen Ionenaustauscher in Verbindung (siehe Abb. 1). An der Membraninnenseite hat dieser Ionenaustauscher seinerseits Kontakt mit einer

[1] mit Unterstützung der Deutschen Forschungsgemeinschaft im Rahmen des SFB Kardiologie 89-Göttingen und Pa 135/2

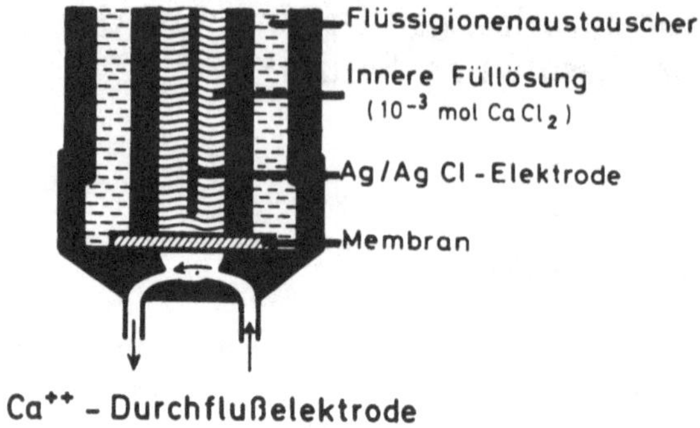

Abb. 1 Schematische Darstellung einer Flüssigionenaustauscher-Durchflußelektrode. Der Elektrodenkörper ist schwarz dargestellt

1-millimolaren Kalziumchloridlösung. So bildet sich zwischen dem Ionenaustauscher und den Kalziumionen der inneren Lösung ein stabiles Grenzflächenpotential aus. Die Chloridionen dieser Lösung bilden ihrerseits mit einer internen Ag/AgCl-Referenzelektrode ein stabiles Potential. Kommt nun die Außenfläche der Membran mit der Serumprobe in Berührung, so reagieren deren Kalziumionen mit dem Ionenaustauscher. Proportional diesem Durchtritt von Ladungen durch die Membran wird das Potential der Meßkette verschoben. Diese Potentialänderungen folgen über einen weiten Konzentrationsbereich annähernd der *Nernst*'schen Gleichung (Abb. 2). Zu betonen ist, daß die Elektrode nur auf frei

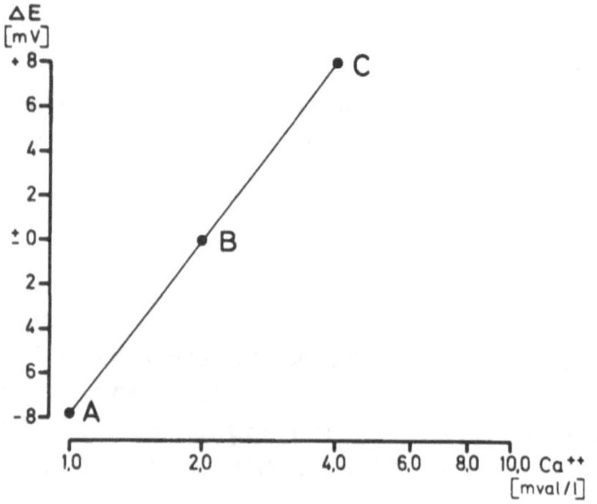

Abb. 2 Typische Eichkurve zur Ca^{++}-Bestimmung im Serum. Die Standardeichlösungen wurden mit A, B und C gekennzeichnet

ionisiertes Kalzium, nicht dagegen auf proteingebundenes oder komplexgebundenes reagiert. Die Selektivität für Kalziumionen ist gegenüber anderen 2- und 1-wertigen Ionen sehr groß. Lediglich für Magnesium- und Zink-Ionen besteht eine gewisse Empfindlichkeit. Wegen der äußerst geringen Konzentration freier Zinkionen im Serum ist diese Interferenz jedoch zu vernachlässigen. Beim Magnesium hingegen läßt sich diese Störung weitgehend dadurch ausgleichen, indem man den Standardlösungen Magnesium in physiologischen Konzentrationen zusetzt.

Methodik

Da die Konzentration des ionisierten Kalziums unter anderem stark vom pH-Wert des Serums abhängt, sind jegliche CO_2-Verluste bei der Abnahme des Blutes, der Serumgewinnung, Lagerung und beim eigentlichen Meßvorgang strikt zu vermeiden. Durch die Abnahme der Wasserstoffionenkonzentration bzw. Ansteigen des pH-Wertes bei derartigen CO_2-Verlusten werden nämlich an Proteinen und Komplexbildnern des Serums Valenzen frei, an die dann Kalziumionen gebunden werden, so daß die Konzentration des frei ionisierten Kalziums abnimmt. Deshalb wurde das Blut mit vollevakuierten, siliconisierten Vacutainern entnommen. Bei der Blutentnahme ist auf möglichst kurzen und geringen Armvenenstau zu achten, um pH-Verschiebungen zu vermeiden. Die gefüllten Vacutainer werden bei +4° Celsius gelagert und kurz vor der Analyse im Wasserbad auf 25° Celsius erwärmt. Nach dem Zentrifugieren wird das Serum zur Analyse mittels einer Argon-gefüllten Tuberkulinspritze aus dem Vacutainer entnommen. Auch bei diesem Arbeitsgang müssen CO_2-Verluste vermieden werden. Die Probe sollte unmittelbar nach dem Aufziehen in die Tuberkulinspritze gemessen werden.

Unsere Analysen wurden alle mit Orion-Serum-Kalzium-Durchfluß-Elektroden-Systemen Modell 99–20 durchgeführt. Diese bestehen aus einer Flüssigionenaustauscher-Durchflußelektrode, einer Durchflußreferenzelektrode und einer Spritzenpumpeneinheit, die untereinander alle luftdicht mit Kapillarschläuchen verbunden sind. Als Potentiometer dienten uns ORION Digital pH/mV-Meter vom Typ 701 und 801 mit einer Eingangimpedanz von 10^{14} Ohm und einer Meßgenauigkeit von ± 0,1 mV. Zur Vermeidung von elektrostatischen Aufladungen ist auf eine gute Abschirmung zu achten. Die Elektroden wurden mit Standardlösungen geeicht, die neben steigenden Kalziumkonzentrationen von 1, 2 und 4 mval/l einheitlich 140 mval/l Natrium und 0,9 mval/l Magnesium enthielten. Zur Stabilisierung der Meßanzeige erhielten alle Standards weiterhin 60 mg% Trypsin. Der pH-Wert mit Triäthanolamin auf 7,0 bis 7,5 eingestellt. Bei Serumanalysen muß die Elektrode zunächst solange mit einem Poolserum im Wechsel mit einer Standardlösung beschickt werden, bis sich eine driftfreie, auf ± 0,1 bis

0,2 mV reproduzierbare Anzeige ergibt. Anschließend wird die Elektrode mit der 2 mval/l Ca^{++}-Eichlösung, die der inneren Füllösung der Meßelektrode entspricht, beschickt. Während ihres Durchlaufes wird das Potentiometer auf 0 mV eingestellt und anschließend die mV-Differenz (ΔE) der anderen Eichstandards registriert. Entsprechend der Abb. 2 ergibt sich auf halblogarithmischem Papier eine annähernd lineare Eichkurve. Die Standards werden regelmäßig mittels der Atomabsorptions-Spektralphotometrie (3) kontrolliert. Die Laufzeit der einzelnen Proben beträgt etwa 1 bis 3 Minuten. Eine Messung kann dann abgebrochen werden, wenn die Anzeige stabil ist, was sich am besten auf einem angeschlossenen Schreiber kontrollieren läßt.

Für eine Analyse sind 300 μl Probe erforderlich. Nach Eichung der Elektrode lassen sich pro Stunde 10 bis 15 Analysen durchführen. Die Bestimmung der Präzision in der Serie ergab einen Variationskoeffizienten von 0,5%.

Die Konzentration des ionisierten Kalziums im Serum wird mittels der gemessenen Potentialdifferenz aus der Eichkurve bestimmt. Die Umständlichkeit und Ungenauigkeit einer solchen graphischen Darstellung kann jedoch umgangen werden, wenn zur Berechnung die folgende Formel benutzt wird:

$$[Ca^{++}]\ \text{Serum} = [Ca^{++}]\ \text{Standard} \cdot 10^{\frac{\Delta E_{Serum}}{S_{korr}}}$$

S_{korr} = für die jeweilige Elektrodenempfindlichkeit korrigierter Nernst'scher Faktor

Diese von uns modifizierte Formel [1] ist der jeweiligen Elektrodenempfindlichkeit angepaßt und läßt sich leicht auf einem Rechner programmieren.

Normalwerte

Zur Festlegung des Normalwertbereiches wurden bei 81 Studenten (55 männlich, 26 weiblich, Durchschnittsalter 25 Jahre), bei denen keine Kalziumstoffwechselstörungen bekannt waren, nach der oben beschriebenen Methode mittels Doppelanalyse die Konzentration des ionisierten Kalziums im Serum bestimmt [1]. Das Gesamtkalzium wurde nach einer eigenen Methode [3] mittels Atomabsorption (AA-Spektralphotometer Perkin-Elmer-Modell 303 und 403) gemessen. Die Eiweißbestimmungen im Serum erfolgten nach der Biuretmethode. Die Blutgasanalysen wurden in demselben Blut mit Hilfe der Methode nach Astrup bestimmt. Die Ergebnisse sind der Tabelle 1 zu entnehmen. Bei der Auswertung zeigte sich, daß die Werte normal verteilt sind [1].

Der Bereich normaler Serum-Kalziumionen-Konzentrationen von 2,24 bis 2,61 mval/l zeigt an, daß der Organismus bestrebt ist, diese biologisch wichtige Kalziumfraktion sehr konstant zu halten. Ein signifikanter Unterschied zwischen männlichen und weiblichen Personen bestand nicht. Auch wir konnten keine Korrelation zwischen Gesamtkalzium und ionisiertem Anteil aufstellen. Unsere Befunde stimmen gut mit Angaben aus der Literatur überein [2].

Tabelle 1: Ergebnisse der Bestimmung des Normalwertbereiches für das ionisierte Kalzium im Serum bei 81 Probanden. In den hinteren Spalten sind die in den gleichen Proben gemessenen Gesamtkalzium- und Eiweißkonzentrationen sowie die Säure-Basen-Werte aufgetragen. Näheres siehe Text.

	$[Ca^{++}]$ mval/l	$[Ca]$ mval/l	$\frac{[Ca^{++}] \times 100}{[Ca]}$ %	GE g/100 ml	pH	pCO_2 mm Hg	St.Bic. mval/l
$\bar{x}$	2,43	4,88	49,7	7,47	7,353	41,1	22,4
s_x	0,09	0,20	2,2	0,45	0,041	6,0	1,5
V	3,8	4,1	4,4	6,0	0,5	14,6	6,6

GE = Gesamteiweiß
St.Bic. = Standardbicarbonat

Zusammenfassung

Unsere Methode bringt gegenüber anderen biologischen und chemischen Analysenverfahren eine Reihe von Vorteilen wie anaerobe Probengewinnung und Aufarbeitung, einfache Probenvorbereitung ohne Enteiweißen und Verdünnung, hohes Auflösungsvermögen – 0,1 mV Potentialänderung entsprechen 0,03 bis 0,05 mval/l Ca^{++} –, kurze Analysenzeiten und geringe Probenvolumina. Die Analyse des ionisierten Kalziums in anderen Körperflüssigkeiten wie Liquor, Magensaft und Urin ist mit dieser Elektrode ebenfalls prinzipiell möglich.

Für die Erforschung der Pathophysiologie sowie zur Diagnostik zahlreicher Störungen des Kalziumstoffwechsels steht uns damit eine exakte Methode zur Bestimmung des biologisch aktiven, ionisierten Kalziums zur Verfügung, die in ihrer Aussagekraft der Bestimmung des Gesamtkalziums überlegen sein dürfte.

Literatur

[1] Fuchs, C., K. Paschen, P.G. Spieckermann und C. v. Westberg: Bestimmung des ionisierten Kalziums im Serum mit einer ionenselektiven Durchflußelektrode: Methodik und Normalwerte. Klin. Wschr. **50**, 824–832 (1972).

[2] Li, T.-K., and J.T. Piechocki: Determination of serum ionic calcium with an ion-selective electrode: evaluation of methodology and normal values. Clin. Chem. **17**, 411 (1971).

[3] Paschen, K. and C. Fuchs: An new micromethod for Na, K, Ca and Mg determinations in a single serum delution by atomic-absorption spectrophotometry. Clin. Chem. Acta 35, 401 (1971).

Diskussion

Reinhardt: Wenn ich Sie richtig verstanden habe, würde prinzipiell auch das ionisierte Magnesium mit ihrer Elektrode meßbar sein?

Paschen: Im Prinzip ja, praktisch nein, da bisher noch keine Ionenaustauscher zur Verfügung stehen, die eine ausreichend hohe Spezifität für Magnesium aufweisen.

Günther: Ich darf vielleicht ergänzen, daß unsere ionenspezifische Magnesiumelektrode Calcium und Magnesium nicht mit dergleichen Empfindlichkeit mißt.

Paschen: Es gibt sogenannte „divalente Kationenelektroden", mit denen man generell alle 2-wertigen Ionen zusammen erfaßt. Im Serum handelt es sich dabei in erster Linie um Calcium und Magnesium. Mißt man anschließend mit einer Calciumionenelektrode das ionisierte Calcium, kann man durch Differenzbildung grob etwas über das Magnesium aussagen.

Günther: Wie wirkt sich der Suspensionseffekt auf die Messungen aus?

Paschen: Wenn man mit wäßrigen Eichlösungen die Elektrode eicht, bekommt man eine annähernd lineare Eichkurve. Soweit ein eiweißhaltiges Milieu in die Elektrode eingebracht wird, verschiebt sich diese Eichkurve parallel zu der alten Eichkurve. Sie ändert sich jedoch nicht in ihrer Steilheit. Wenn man nun die Elektrode vor Beginn der Messung genügend lange im Wechsel mit einem Poolserum und einer wäßrigen Eichlösung beschickt, solange, bis man eine stabile Anzeige erhält, läßt sich dieser Effekt ausschalten. Sie können dann hinterher wieder auf wäßrige Eichlösungen gehen, ohne daß es zu einer Verschiebung des Nullpunktes kommt. Wahrscheinlich werden bei diesem Vorgang Proteine auf der Membranoberfläche abgelagert, die dann aber den weiteren Meßvorgang nicht mehr stören, vor allen Dingen nicht mehr nach Zusatz von Trypsin.

Plasmaveränderungen von Gesamt-Ca, ionisiertem Ca und von Mg durch Cartioplegin® bei Operationen mit extrakorporaler Zirkulation[1]

C. Fuchs, H. Bock, K. Kalbow, P.G. Kirchhoff, D. Knoll, K. Paschen und D. Regensburger

Einführung

Für den normalen Erregungs- und Kontraktionsablauf eines schlagenden Herzens ist unter anderem eine bestimmte Verteilung der zweiwertigen Ionen Ca^{++} und Mg^{++} im intra- und extrazellulären Raum des Myokards erforderlich. Calciumionen sind für die Aktivierung von Membran- und Myofibrillen-ATPasen, für Membranpermeabilitätsänderungen und für die elektro-mechanische Kopplung entscheidend. Magnesiumionen dienen als wichtige Aktivatoren fast aller phosphatübertragenden Enzymsysteme. Sie sind somit wesentlich an der Energiebereitstellung beteiligt.

Bei Operationen mit extrakorporaler Zirkulation sind zur Füllung der HLM im Verhältnis zum Blutvolumen des Patienten relativ große Mengen an Konservenblut und/oder Blutersatzlösungen erforderlich. Größere Verschiebungen der intra- und extrazellulären Konzentrationen der oben genannten Elektrolyte, die an den oft bereits vorgeschädigten Herzen sowohl zu Rhythmusstörungen als auch zu mangelhaften Kontraktionen des Myokards führen können, sind daher bei diesen Operationen besonders leicht möglich.

Ergänzend zu früheren Untersuchungen [4] erschien es uns aus folgenden Gründen wichtig, die Serum- bzw. Plasma-Konzentrationen der 2-wertigen Elektrolyte Ca und Mg im Verlauf von Operationen mit extrakorporaler Zirkulation zu verfolgen:

1. Unseres Wissens liegen bisher keine Untersuchungen zur Frage der Mg-Stoffwechselveränderungen durch Cardioplegin^R-Herzstillstand beim Menschen vor.
2. Die Frage des optimalen Ca-Gehaltes der Maschinenfüllung ist offen.
3. Die neue methodische Möglichkeit, die Fraktion des ionisierten Calciums (Ca^{++}) zu erfassen, läßt eine genauere Aussage über den Calciumstoffwechsel bei EKZ erwarten.

[1] Mit Unterstützung der Deutschen Forschungsgemeinschaft im Rahmen des SFB 89 – Kardiologie – Göttingen und der E. Riesch-Stiftung, Lorch.

Methodik:

Unsere Untersuchungen haben wir bei 17 Patienten im Alter von 3 – 56 Jahren (Durchschnittsalter 35 Jahre) durchgeführt. Die Operationsindikationen waren bei 5 Patienten Aortenklappen- und bei 4 Patienten Mitralklappenersatz, bei 3 Patienten Vorhofseptumdefekt, bei 2 Patienten Fallot'sche Tetralogie, bei 2 Patienten valvuläre Aortenstenose und bei einem Patienten Ventrikelseptumdefekt. Die Operationsdauer lag zwischen 3 und 5 Stunden, die Dauer der extrakorporalen Zirkulation zwischen 1/2 und 2 Stunden. Das Perfusionsvolumen betrug mindestens 2,4 $l/min \cdot m^2$ Körperoberfläche. Bei allen Patienten wurden Rygg-Kyvsgaard-Bubble-Oxygenatoren der Firma Polystan verwandt. Auf die Elektrolytkonzentration der Maschinenfüllung wird bei der Besprechung der einzelnen Patientengruppen eingegangen. Alle Blutproben wurden aus dem venösen System entnommen.

Ergebnisse und Diskussion:

Die Ergebnisse unserer Untersuchungen haben wir nach den in Abb. 1 genannten Kriterien unterteilt. In Abb. 2 ist die standardisierte zeitliche Folge der Blutentnahmen sowie der für jede Entnahme durchgeführte Analysenkomplex aufgeführt [1,3]..

Auswahlkriterien für die Einteilung des Patientengutes

I. Art des Herzstillstandes
   a. Operationen mit Cardioplegin ^{R}
   b. Operationen mit anoxischem Herzstillstand

II. Hämodilution
   a. Operationen mit Hämodilution
   b. Operationen ohne Hämodilution

III. Calcium-Konzentration der Maschinenfüllung
   a. hohes Calcium ($\bar{x}$ = 9,67 mval/l)
   b. niedriges Calcium ($\bar{x}$ = 2,83 mval/l)

Abb. 1 Auswahlkriterien für die Einteilung des Patientenkollektivs

Probenentnahme - Schema

1. Op - Beginn
2. vor Bypass

3a. 15' nach Bypassbeginn

3b. 30' nach Bypassbeginn

3c. 45' nach Bypassbeginn

usw.

4. während partiellem Bypass
5. Bypassende
6. 15' nach Bypassende
7. 30' nach Bypassende
8. Op - Ende
9. 6 Std. nach Op - Ende
10. 12 Std. nach Op - Ende

Analysen

1. Ionisiertes Calcium (ionenselektive Elektrode)
2. Gesamt - Calcium (Atomabsorption)
3. Gesamt - Magnesium (Atomabsorption)

Abb. 2 Probeentnahmeschema und Nachweismethoden (Fuchs et al., Paschen und Fuchs)

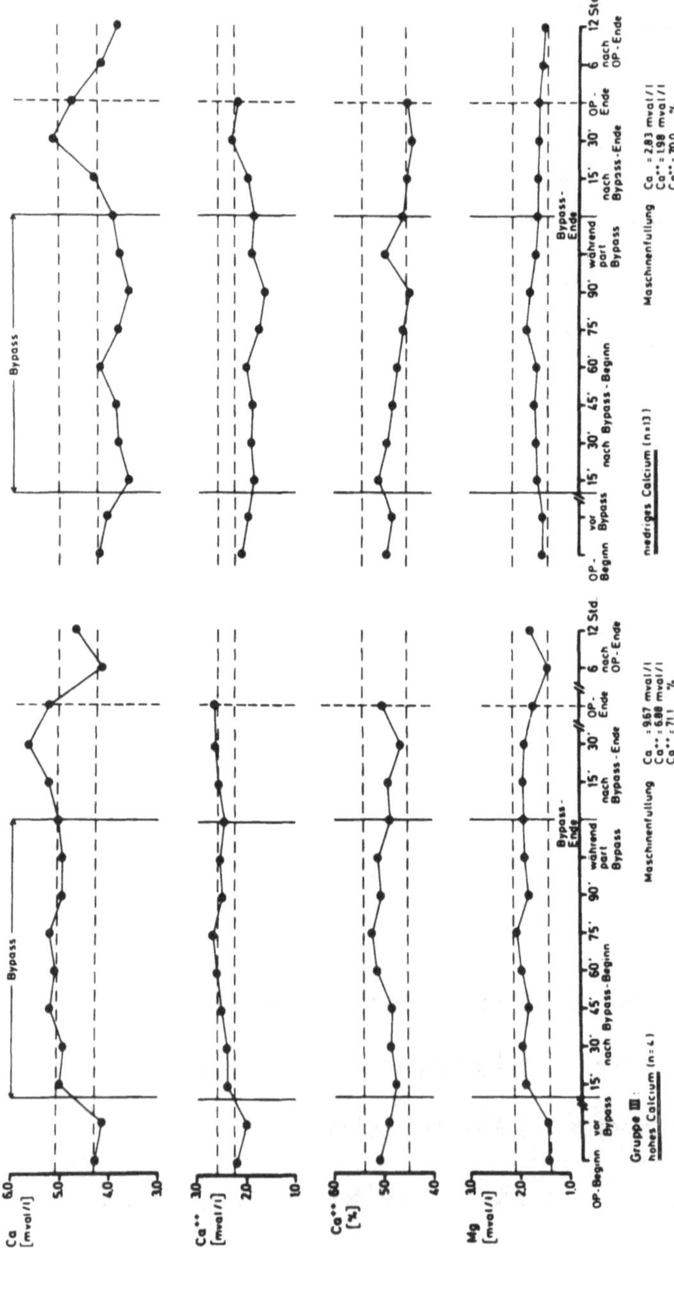

Abb. 3 Vergleich von Operationen mit Cardioplegin R-Herzstillständen und Operationen mit anoxischem Herzstillstand

Die Untersuchungsergebnisse der Gruppe I zeigt Abb. 3. Bei 5 Patienten wurde der Herzstillstand mit 1 ml Cardioplegin^R pro kg Körpergewicht induziert (linke Hälfte der Abb.). Im Vergleich dazu sind rechts die Ergebnisse von Operationen ohne Cardioplegin^R (ischämischer Herzstillstand mit intermittierender Coronarperfusion) aufgeführt. Bemerkenswert ist hier der durch Applikation von Cardioplegin^R bedingte mittlere Anstieg von Mg von 1,52 auf 2,14 mval/l bei Bypassbeginn. Im weiteren Verlauf der Operation bleibt Mg im oberen Normbereich; postoperativ fällt es annähernd auf den Ausgangswert wieder ab.
Bei Operationen ohne Cardioplegin^R bleibt Mg an der unteren Grenze des Normbereiches. Bei beiden Patientenkollektiven kommt es bis zum Bypass-Ende weder beim Gesamt-Ca noch beim ionisierten Ca zu wesentlichen Veränderungen. Der nachfolgende Anstieg ist durch die in diesem Operationsstadium übliche parenterale Verabreichung größerer Mengen von Calcium bedingt.

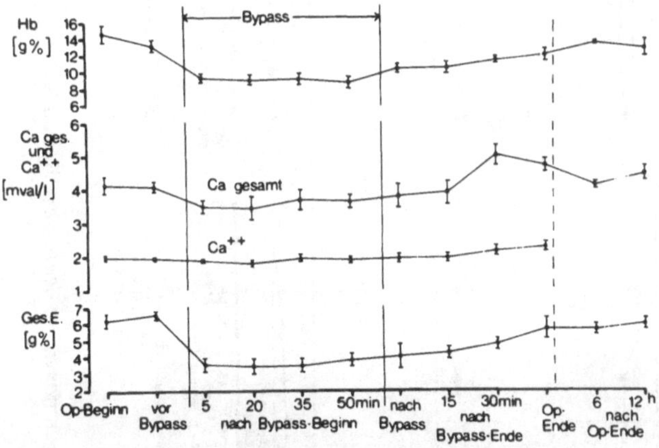

Abb. 4 Änderungen von Hb, Gesamt-Ca, Ca^{++} und Ges. E. im Verlauf von 8 Hämodilutionsoperationen

In Abb. 4 sind die Ergebnisse von 8 Operationen mit Hämodilutions-Perfusion aufgeführt. Die mittlere Verdünnung betrug 34 ml/kg Körpergewicht. Kurz nach Perfusionsbeginn kam es erwartungsgemäß zu einer Erniedrigung des Hämoglobins auf 9,4 g% und des Gesamt-Eiweißes auf 3,57 g% mit gleichzeitigem Abfall des Gesamt-Ca auf 3,51 mval/l. Der Grund für den Abfall des Gesamt-Ca ist der niedrige Ca-Gehalt der Maschinenfüllung (3,7 mval/l). Der Anteil des ionisierten Calciums im Plasma ändert sich nicht. Bis Perfusionsende steigt die Konzentration von Hb und Gesamteiweiß langsam an mit gleichzeitiger Zunahme der Gesamt-Ca-Konzentration. Der Anteil des ionisierten Ca betrug bei Perfusions-

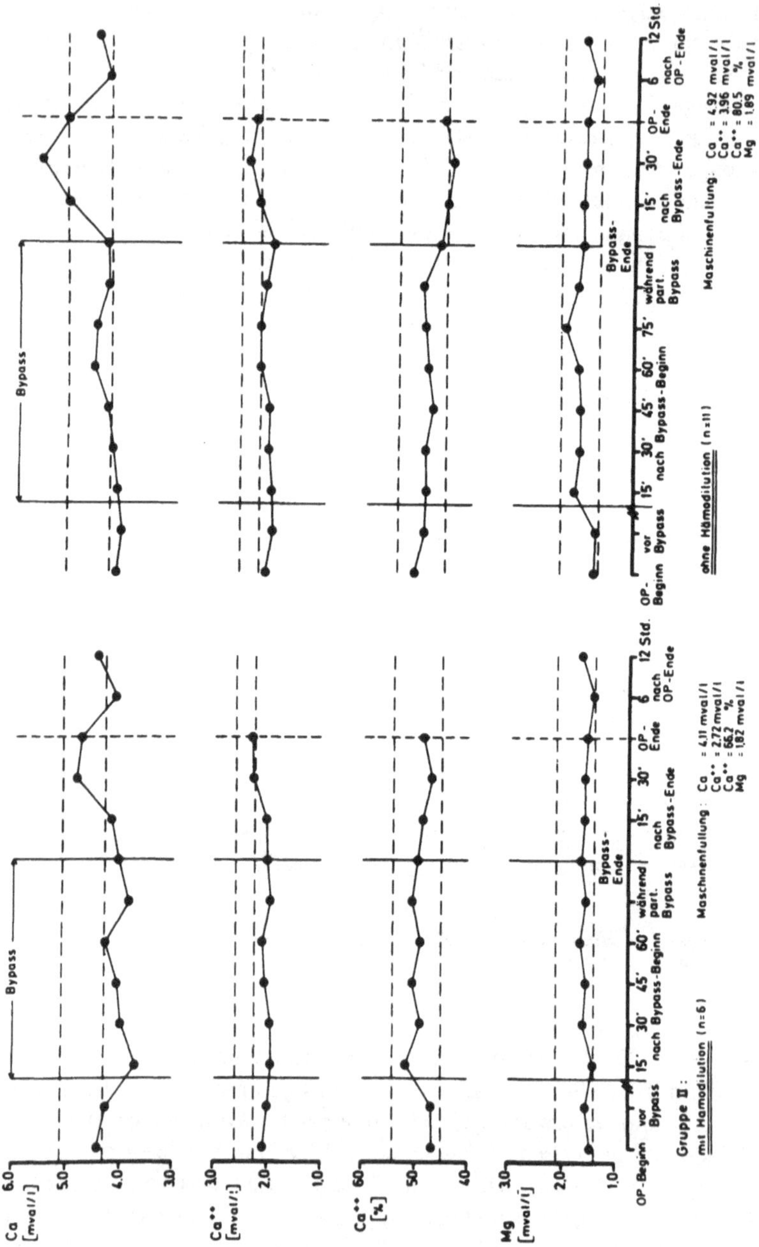

Abb. 5 Vergleich von Hämodilutionsoperationen mit denen ohne Hämodilution

Ende 52%. Bis zum Ende der Operation hatte sich die Konzentration von Hb und Ges. Eiweiß annähernd normalisiert und die Konzentration des Gesamt-Ca lag mit 4,68 mval/l wieder im Normbereich. Das Verhältnis des ionisierten Ca^{++} zum Gesamt-Ca entsprach mit 49% wieder dem Ausgangswert.

In Anlehnung an Abb. 3 haben wir die Ergebnisse von 6 mit Hämodilution operierten Patienten mit den Resultaten von Operationen ohne Hämodilution verglichen und in Abb. 5 dargestellt.

Aus dieser Abbildung geht deutlich hervor, daß der Anteil des ionisierten Ca nicht das Gesamt-Ca widerspiegelt und daß die Hämodilutionstechnik hinsichtlich der Elektrolytkonzentrationen keinen Unterschied zu Operationen ohne Hämodilution zeigt.

In Abb. 6 ist eine Gruppe von 4 Patienten, bei denen die Ca-Konzentration der Maschinenfüllung auf 9,67 mval/l erhöht wurde, einer Patientengruppe mit niedrigem Ca-Gehalt der Maschinenfüllung (2,83 mval/l) gegenübergestellt. Bei der Gruppe mit hohem Ca-Gehalt der Maschinenfüllung kommt es erwartungsgemäß zu einem deutlichen Anstieg von Gesamt-Ca und ionisiertem Ca, der auch bis zum Operationsende bestehen bleibt. Auf der rechten Seite der Abbildung ist im Vergleich dazu eine deutliche Hypokalzämie bis zum Bypass-Ende zu erkennen; sie wird erst durch parenterale Ca-Gaben kompensiert; das Gesamt-Ca wie auch das ionisierte Ca erreichen danach den oberen Normbereich.

Die im rechten Teil der Abbildung erzielten subnormalen Ca-Ionen-Konzentrationen während der Perfusion halten wir aus den folgenden Gründen für erstrebenswert:

1. Die Inotropie des Herzens und damit der myocardiale Energiebedarf ist Ca-Ionen abhängig. Das Herz, das bei Unterbrechung der Coronarperfusion noch einige Zeit während der Anaerobiose weiterschlägt, wird durch eine niedrigere Ca-Ionen-Konzentration vor einer unnötigen Steigerung des Energiebedarfes geschützt.
2. Eine niedrige Ca-Ionen-Konzentration vermindert auch den basalen Energiebedarf des stillstehenden Herzens [2]. Damit wird die Ischämietoleranz des Myokards auch während des Herzstillstandes im engeren Sinne durch eine niedrige Ca-Ionen-Konzentration verlängert.

Aus dem ersten Argument ergibt sich für das Bypass-Ende aber auch die Notwendigkeit, die Ca-Ionen-Konzentration rechtzeitig und ausreichend zu erhöhen. Eine Substitution von Ca sollte bereits kurz vor Beginn des partiellen Bypass, bzw. vor Freigabe der Koronarien, eingeleitet und bis zum Anstieg auf die obere Grenze der Norm fortgesetzt werden, damit eine optimale Inotropie des Myokards von dieser Seite aus gesichert ist.

Abb. 6 zeigt, daß diese Forderung in der Gruppe mit niedriger Ca-Konzentration der Maschinenfüllung noch nicht optimal erfüllt worden ist.

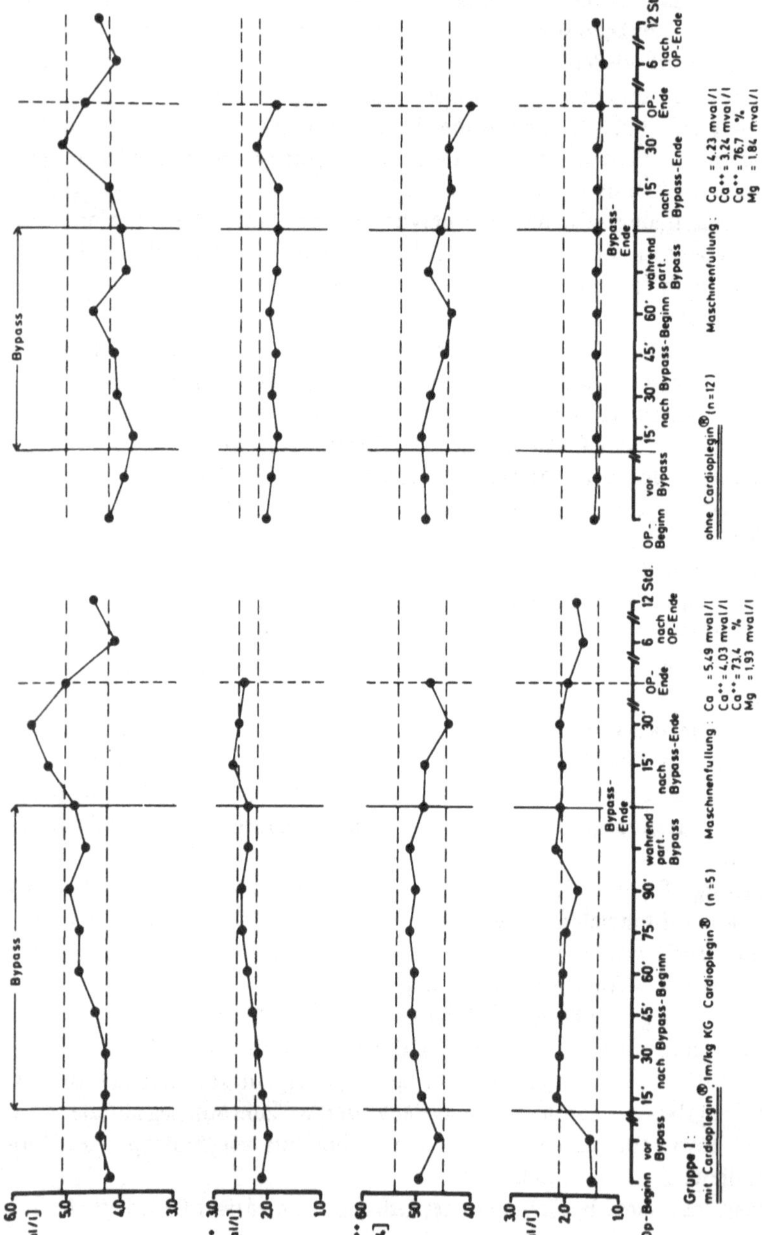

Abb. 6 Vergleich von Operationen mit hohem und niedrigem Ca-Gehalt der Maschinenfüllung

Literatur

[1] Fuchs, C., K. Paschen, P.G. Spieckermann und C. v. Westberg: Bestimmung des ionisierten Calciums im Serum mit einer ionenselektiven Durchflußelektrode. Methodik und Normalwerte. Klin. Wschr. **50**, 824 (1972).

[2] Kübler, W., N. Hähn, K. Hellberg, L.E. Orellano, C.J. Reidemeister und P.G. Spieckermann: Beziehungen zwischen aerobem Energieumsatz des Herzens unter verschiedenen funktionellen Bedingungen. Verhandl. Dtsch. Ges. Kreislauff. **31**, 86 (1965).

[3] Paschen, K. and C. Fuchs: A new micro-method for Na, K, Ca and Mg determinations in a single serum dilution by atomic-absorption spectrophotometry. Clin. Chim. Acta **35**, 401 (1971).

[4] Paschen K., C. Fuchs, H.E. Hoffmeister, D. Regensburger und J. Koncz: Der Kalzium-Magnesium- und Kalium-Haushalt bei Operationen mit kardiopulmonalem Bypass. Thoraxchirurgie **20**, 43 (1972).

Diskussion:

Reinhardt: Wie kommt es, daß bei Cardioplegin das Plasma-Magnesium so deutlich ansteigt?

Fuchs: Die Magnesiumkonzentration in Cardioplegin ist ja bekanntlich sehr hoch. Wir haben es mit unserer Methode atomabsorptionsspektralphotometrisch kontrolliert und kamen auf 147 μval pro Liter. Ich sagte, daß wir 1 ml Cardioplegin pro kg Körpergewicht des Patienten geben, so daß uns das als ausreichende Erklärung erscheint.

Reinhardt: Der Plasma-Magnesiumanstieg ist also ausschließlich auf die Zufuhr zurückzuführen?

Fuchs: Ja. Es ging darum, anhand dieser ersten 6 Patienten, die wir verfolgt haben, zu zeigen, wie hoch nun tatsächlich Magnesium im Serum der Patienten während der Operation steigt und ob ein Abfall im postoperativen Verlauf früh oder spät einsetzt.

Konservierung der Skeletmuskulatur des Hundes durch Perfusion mit Magnesium-Aspartat [1]

W. Stock, H. Themann und W. Isselhard

Krankheitsbilder, die mit Extremitätenischämie einhergehen, gewinnen immer mehr an Aktualität. So werden Operationen an den Extremitäten grundsätzlich in pneumatischer Blutsperre durchgeführt, um ein übersichtliches Operationsfeld zu gewährleisten. Für mikrochirurgische Eingriffe an der Hand [1] erscheint jedoch die empirisch festgelegte 2 Std.-Grenze für eine Blutleere als zu kurz. In zunehmendem Maße wird über Replantationen traumatisch amputierter Extremitäten berichtet [3, 4, 7]. Hierbei ist die Länge des ischämischen Intervalls sowie ein geeignetes Konservierungsverfahren von ausschlaggebender Bedeutung für den Erfolg.

Während es in der Transplantationschirurgie bereits routinemäßig durchführbare Konservierungsverfahren für die vitalen Organe gibt, liegen bisher keine experimentellen Untersuchungen über die Verlängerung der ischämischen Toleranz von Skeletmuskulatur vor. Wie wir in vorangegangenen Untersuchungen [10] zeigen konnten, lassen sich mit der Bestimmung des Energiestoffwechsels zuverlässige Aussagen über den Grad der ischämischen Schädigung der Skeletmuskulatur gewinnen. Ziel der vorliegenden Untersuchungen war, durch Perfusion mit dem kürzlich eingeführten Kardioplegikum Magnesium-Aspartat eine Konservierung der ischämisch belasteten Skeletmuskulatur zu versuchen. Das Ausmaß der ischämischen Muskelzellschädigung wurde neben den Metaboliten des Adenylsäure-Phosphokreatinsystems und Glykolysezyklus sowie durch elektronenmikroskopische Untersuchungen bestimmt.

Methodik

Die Versuche wurden an 14 Hunden im Gewicht von 21 – 25 kg durchgeführt. Die Tiere wurden einleitend mit Nembutal, später mit Fentanyl narkotisiert und mit Sauerstoff-Lachgasgemisch maschinell beatmet. Die Kreislaufveränderungen wurden durch arteriellen und zentralvenösen Druck, Herzfrequenz sowie Blutfluß in beiden Femoralarterien registriert. Die Ischämie einer hinteren Extremität von 5 Std. Dauer wurde durch einen Gummitourniquet erzeugt. Vermittels Durchtrennung des Tourniquets wurde eine Rezirkulation der Extremität ermög-

[1] Mit Unterstützung der Deutschen Forschungsgemeinschaft.

licht. Zur Konservierung der Skeletmuskulatur während Ischämie wurde ein Katheter in die Vena saphena bis kurz vor die Einmündung in die Vena femoralis über die Vena dorsalis pedis vorgeschoben. Ein weiterer kurzer Katheter wurde in die Arteria pedis dorsalis eingeführt. Unmittelbar nach Beginn der Ischämie wurde die betreffende Extremität retrograd mit Inzolen[2] blutfrei gespült und anschließend mit 200 ml Magnesium-Aspartat (Cardioplegin[2]) perfundiert. Die Raumtemperatur, die Rektaltemperatur sowie die Temperatur der Muskulatur in beiden hinteren Extremitäten wurde fortlaufend mit einem Elektrothermometer (ELAB) gemessen. Muskelbiopsien wurden in regelmäßigen Abständen durch Gefrierstoptechnik entnommen und der biochemischen Analyse zugeführt [2, 12]. Alle Angaben werden in /umol/g F.G. gemacht. Weitere Muskelbiopsien wurden zur elektronenmikroskopischen Analyse entnommen und sofort mit Paraldehyd aufgearbeitet.

Ergebnisse

Veränderungen im Energiestoffwechsel der Skeletmuskulatur

Die Raumtemperatur konnte während der Versuche nicht ganz konstant gehalten werden (Abb. 1). Die durchschnittlichen Werte lagen bei 24° C. Die Körpertemperatur sowie die Temperatur des unbelasteten kontralateralen Beines blieb während der Versuche unverändert. Die Temperatur des ischämischen Beines sank nach Anlegen der Tourniquets bis 28° C ab und stieg nach Wiederherstellung der Blutzirkulation rasch an. Die Temperatur des konservierten Beines sank etwas schneller. Die Differenz zu den Kontrollen betrug 1,5° C.
Während der 5stündigen Ischämie brachen die energiereichen Phosphate fast vollständig zusammen (Abb. 2). Nach 5 Std. hatte ATP von 5,7 ± 0,82 auf 1,2 ± 0,31 /umol/g F.G. abgenommen. Während der anschließenden Rezirkulation konnte keine wesentliche Tendenz zur Normalisierung beobachtet werden. ADP zeigte einen transitorischen Anstieg, der dem ATP-Abfall während der ersten 2 Std. entsprach. Ein wesentlich günstigerer Verlauf konnte in der mit Magnesium-Aspartat konservierten Muskulatur beobachtet werden. ATP sank nur von 5,7 ± 0,97 auf 4,4 ± 0,78 /umol/g F.G. ab. Nach Eröffnung der Tourniquets blieben die Werte konstant und zeigten am Ende der 5stündigen Erholung eine ansteigende Tendenz. Dieser positive Effekt kann ebenfalls aus der Summe der Adeninnucleotide ersehen werden. Der Zusammenbruch des Glykogenspeichers betrug in der konservierten Muskulatur nur 50% der Kontrollen (Abb. 3). Die Laktat-Anhäufung erreichte mit 42 ± 4,39 /umol/g F.G. in den Kontrollen das Doppelte wie in der konservierten Muskulatur. Die Glucose stieg bei den Kon-

[2] Hersteller: Firma Köhler-Chemie, Alsbach

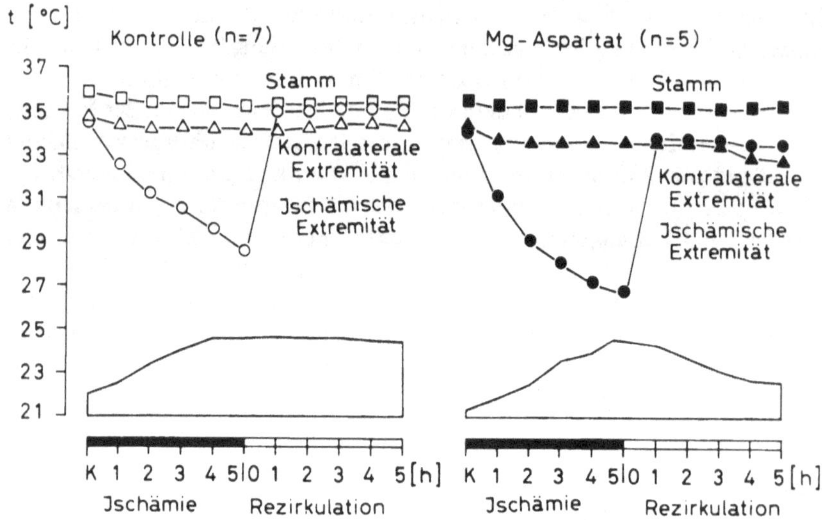

Abb. 1 Temperaturverlauf von Raum (im Inkubator), Stamm (□ ■), ischämische Extremität (○ ●) sowie unbelasteter, kontralateraler Extremität (△ ▲) während 5stündiger Extremitätenischämie und anschließender Wiederdurchblutung beim Hund

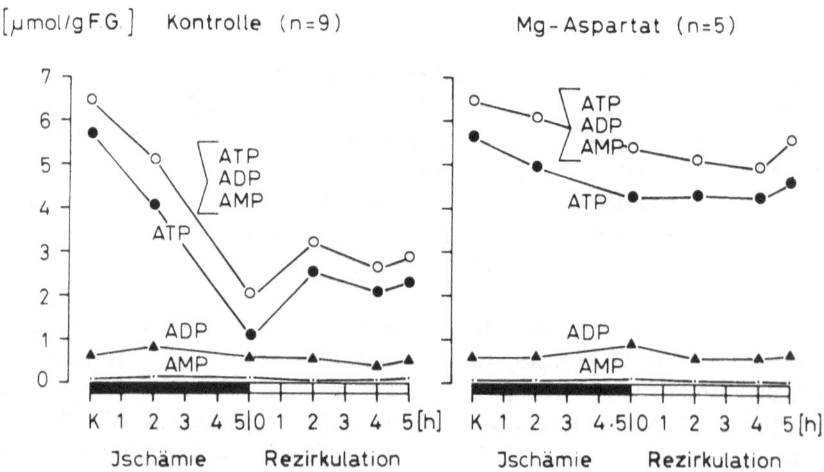

Abb. 2 Die Summe der Adeninnucleotide, ATP, ADP und AMP in der Skeletmuskulatur des Hundes während Ischämie und Wiederdurchblutung

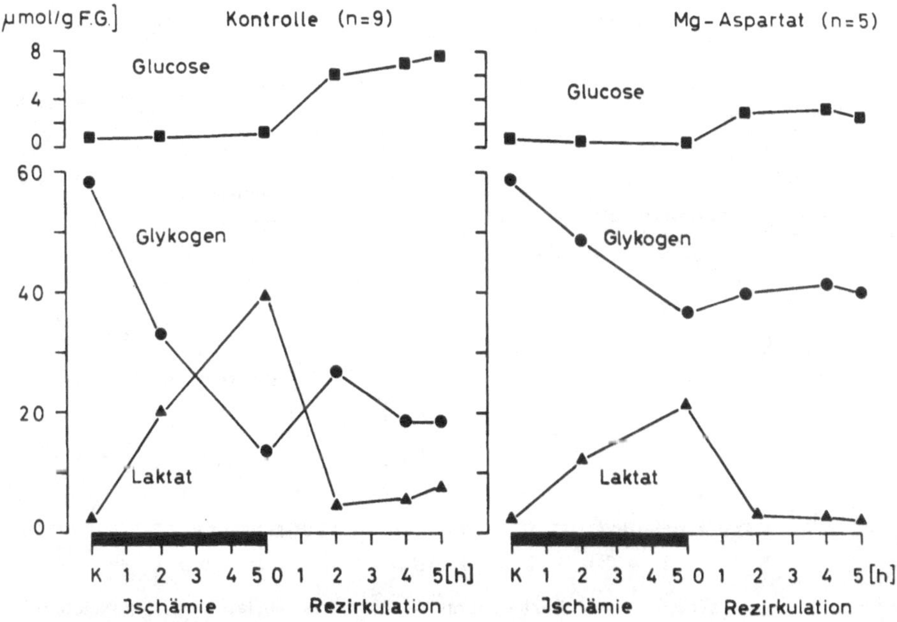

Abb. 3 Glykogen, Glukose und Laktat in der Skeletmuskulatur des Hundes während Ischämie und Wiederdurchblutung

trollen deutlicher an. Wie erwartet wurden im Kreatinsystem nur leichte Unterschiede gefunden (Abb. 4). Nach 5 Std. Ischämie war Phosphokreatin vollständig abgebaut. Während der postischämischen Erholung wurde ein rascher Anstieg in den Normbereich in beiden Serien beobachtet. Der höhere Gehalt an Phosphokreatin und Gesamtkreatin nach Konservierung mit Magnesium-Aspartat kann ebenfalls als ein protektiver Effekt gewertet werden.

Elektronenmikroskopische Befunde

Die elektronenmikroskopische Feinstruktur der Muskelzellen war nach 5 St. Ischämie in der Gruppe der Kontrolltiere sehr charakteristisch verändert. Im Vordergrund der feinstrukturellen Alterationen stand die Schädigung der Mitochondrien. Hier konnte in erster Linie eine Schwellung beobachtet werden, die meistens mit einem Verlust der Christae Mitochondriales einherging (Abb. 5). Darüber hinaus kam es an den Enden der Mitochondrien oftmals zu einer ballonartigen Auftreibung, die schließlich zum Aufreißen der Mitochondrienmembran führte. Neben hochgradig geschädigten Mitochondrien fanden sich andere, die

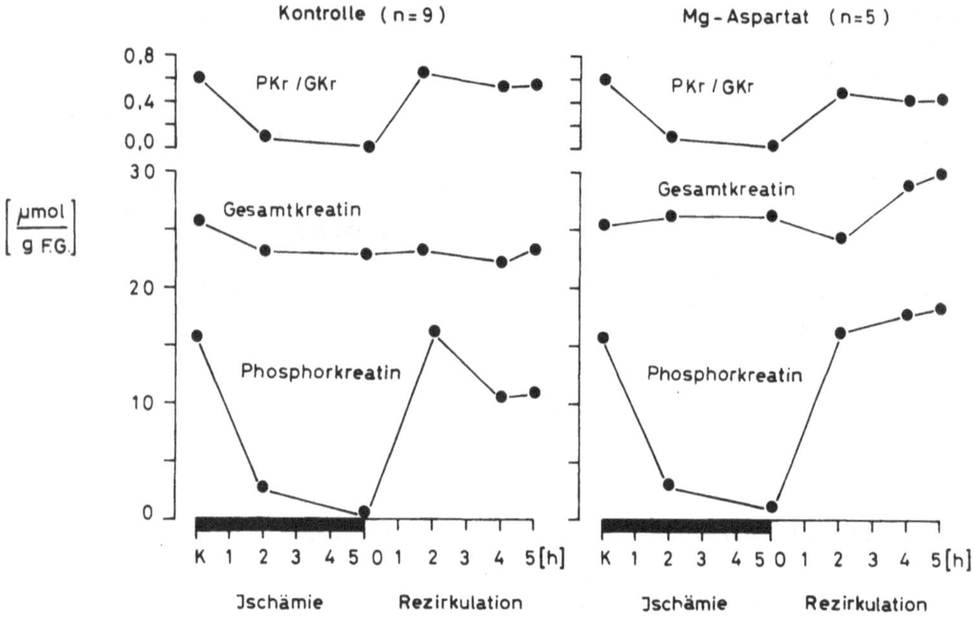

Abb. 4 Phosphokreatin (PKR), Gesamtkreatin (GKR) sowie Relation PKR/GKR in der Skeletmuskulatur des Hundes während Ischämie und Wiederdurchblutung

nur geringfügige Alterationen erkennen ließen oder sogar normal waren. Nebst den mitochondrialen Alterationen fand sich 5 Std. nach Ischämie eine deutlich ausgeprägte Dissoziation der Muskelfibrillen. Darüber hinaus konnte eine Erweiterung des Sarkoplasmaretikulums festgestellt werden. Die Muskelfibrillen waren in vielen Fällen übermäßig dilatiert, wobei es gelegentlich zu Rupturen der Muskelfilamente kam (Abb. 5). Glykogengranula, wie sie normalerweise in Muskelzellen regelmäßig vorkommen, waren 5 Std. nach Ischämie vereinzelt nachweisbar.

Im konservierten Bein war nach 5stündiger Ischämie eine bessere Strukturerhaltung der Mitochondrien erkennbar. Allerdings bestand nach wie vor eine auffallende Volumenvergrößerung und außerdem eine Dissoziation der Muskelfibrillen (Abb. 6). Der Glykogengehalt der Zellen war ebenfalls erheblich reduziert.

Die Untersuchung der Kontrollen nach 5 Std. postischämischer Erholung zeigte überwiegend in ihrer Feinstruktur wiederhergestellte Muskelzellen. Eine Ausnahme bildeten die Mitochondrien, die auch hier deutlich die charakteristischen Schädigungen einer Hypoxämie aufwiesen (Abb. 7). In den mit Magnesium-Aspartat perfundierten Beinen bestand der Eindruck, daß nach 5stündiger Re-

Abb. 5 Muskelzelle nach 5 Std. Ischämie. Auffallend die sehr starke Schädigung der mitochondrialen Struktur (m) mit ballonartiger Auftreibung und Aufreißen der Mitochondrienmembran. Starke Dilatation der Muskelfilamente (mu) mit Auftreten von Rupturen. In diesem Areal sind Glykogenpartikel noch erhalten. Vergr.: 8.300 x.

Abb. 6 5 Std. Ischämie (Magnesium-Aspartat). Die Strukturerhaltung der Mitochondrien ist in diesem Areal geringfügig besser gegenüber dem nicht mit Magnesium-Aspartat behandelten Tier. Dennoch ist die Schädigung der Mitochondrien deutlich erkennbar. Hier ist ebenfalls ein Glykogenverlust zu verzeichnen. Vergr.: 10.400 x.

zirkulation eine bessere Strukturerhaltung in den Skeletmuskelzellen vorlag (Abb. 8). Die morphologischen Unterschiede waren jedoch sehr geringfügig und im Vergleich zu den biochemischen Werten nicht so klar abgrenzbar.

Diskussion

Eine zu lang andauernde Extremitätenischämie führt zu schweren morphologischen und funktionellen Schäden [11]. Zusätzlich droht nach Wiederherstellung der Strombahn, wie z. B. nach Embolektomien, eine Kreislaufdepression im Sinne des Tourniquetschocks [8, 9]. Experimentelle Untersuchungen zur

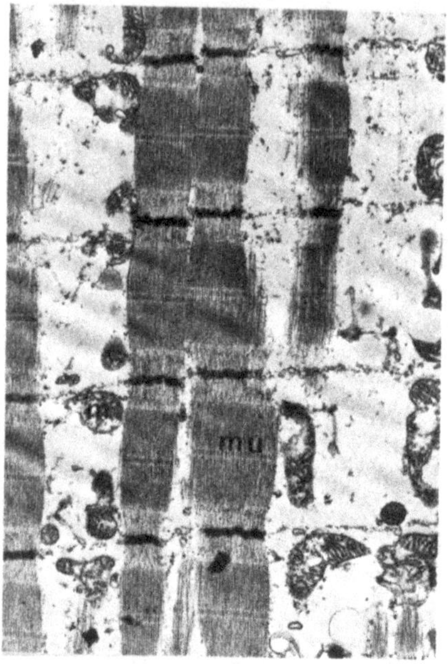

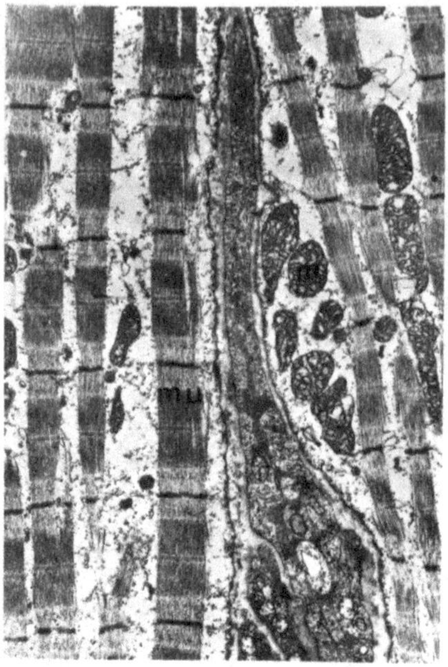

Abb. 7 5 Std. nach Ischämie (ohne Magnesium-Aspartat). Die Abbildung zeigt den Beginn der Wiederherstellung der mitochondrialen Strukturen. Dennoch ist eine Dissoziation der Muskelfibrillen deutlich erkennbar.
Vergr.: 8.250 x.

Abb. 8 5 Std. nach Ischämie (mit Magnesium-Aspartat). Die Abbildung zeigt eine weitgehend normale Muskelstruktur. Die Dissoziation der Muskelfilamente ist noch erkennbar. Die Mitochondrienstruktur ist weitgehend normal. Vergr.: 5.850 x.

ischämischen Belastbarkeit einer Extremität bilden die Voraussetzung für das Verständnis der pathophysiologischen Zusammenhänge und für eine Ausdehnung der bisher gültigen 2 Std.-Grenze. Gleichzeitig benötigt der Chirurg erprobte Konservierungsverfahren, um beispielsweise eine erfolgreiche Replantation einer Extremität durchführen zu können.

Die vorliegenden Versuche zeigen, daß nach einer 5stündigen Extremitätenischämie bei Raumtemperatur der muskuläre Energiestoffwechsel weitgehend zusammengebrochen ist. Das Ausmaß der ischämischen Muskelzellschädigung wird dadurch bekräftigt, daß während der anschließenden 5stündigen postischämischen Erholung keine wesentliche Restitution im Status der energiereichen Phosphate beobachtet wird. Im Vergleich zu den vorangegangenen Versuchen an der Ratte scheint hier ein speciesbedingter Unterschied in der Geschwindigkeit des Katabolismus während Ischämie vorzuliegen. Im Gegensatz zu dem weitgehenden Zusammenbruch des Energiestoffwechsels ist in den elek-

tronenmikroskopischen Befunden die Muskelzellstruktur erstaunlich gut erhalten. Die ischämischen Veränderungen betreffen hauptsächlich die Mitochondrien.
Unter den gewählten Versuchsbedingungen schien es sinnvoll, eine Konservierung der Extremität mittels Perfusion zu erproben. Als Perfusat wurde das in der Herzchirurgie eingeführte Magnesium-Aspartat (Cardioplegin) verwandt. Mit diesem Präparat läßt sich ein gut reversibler Herzstillstand erzeugen. In tierexperimentellen Untersuchungen konnte *Mendler* [5] unter dieser Cardioplegie-Form einen verlangsamten Abbau der Adeninnucleotide im Myocard nachweisen.
Wie aus vorliegenden Befunden hervorgeht, ließ sich ein konservierender Effekt auf den Status der Adeninnucleotide und des Kreatinsystems während Skeletmuskelischämie nachweisen. Auffallend ist jedoch, daß sich das Ausmaß der verbesserten Stoffwechselsituation in den elektronenmikroskopischen Befunden nicht so deutlich widerspiegelt. Hier sind die Unterschiede nach 5stündiger Ischämie zwar deutlich, aber nach der anschließenden 5stündigen postischämischen Erholung ist die Strukturerhaltung der konservierten Muskulatur nicht mehr so eindeutig im Vergleich zu den Kontrollen verbessert, wie sie von den Stoffwechselbefunden her zu erwarten war.
Der Wirkungsmechanismus läßt sich bisher nur vermuten. Im Gegensatz zu anderen Autoren denken wir am ehesten an eine Senkung des Energiebedarfes des ischämischen Muskels, vergleichbar einer Konservierung durch Hypothermie. Andere Autoren berufen sich auf einen protektiven Effekt auf das Adeninnucleotidsystem, ohne jedoch diese Stoffwechselgruppe gezielt untersucht zu haben. Beispielsweise wies *Nakahara* [6] in seinen Versuchen mit tetanischer Kontraktur einen ermüdungshemmenden Effekt von Kalium-Magnesium-Aspartat nach und erklärte ihn mit einer ATP einsparenden Wirkung sowie einem geringeren Verbrauch an Phosphokreatin. Seine Versuche sind jedoch methodisch angreifbar, so daß sie in ihrer Aussage begrenzt sind.
Der konservierende Effekt kann ausschließlich auf die Wirkung des Präparates bezogen werden. Die geringfügige zusätzliche Hypothermie von 1,5° C im Vergleich zu den Kontrollen kann die Wirksamkeit nur unwesentlich unterstützen. Als eigene Konservierungsmaßnahme kommt der Hypothermie der betroffenen Extremität zusätzlich besondere Bedeutung zu.

Zusammenfassung

In Versuchen am Hund wurde durch einen Tourniquet eine Extremitätenischämie erzeugt. Das Ausmaß der ischämischen Muskelzellschädigung wurde durch Metabolite des Adenylsäure-Phosphokreatinsystems und des Glykolysezyklus sowie durch elektronenmikroskopische Befunde bestimmt. Nach

5stündiger Ischämie waren die energiereichen Phosphate fast vollständig zusammengebrochen, die Mitochondrien charakteristisch geschädigt.
Nach Perfusion der ischämischen Extremität mit Magnesium-Aspartat kam es zu einem signifikant langsameren Abbau der Adeninnucleotide. Während der 5stündigen postischämischen Erholung kam es im Gegensatz zu den Kontrollen zu einer weitgehenden Normalisierung im Status der energiereichen Phosphate. Der konservierende Effekt des gewählten Perfusates wurde durch die elektronenmikroskopischen Befunde bestätigt. Allerdings waren die morphologischen Veränderungen nicht so ausgeprägt wie im Stoffwechselstatus. Der konservierende Effekt von Magnesium-Aspartat auf den ischämisch geschädigten Skeletmuskel wird durch eine Senkung des Energiebedarfes gedeutet.

Literatur

[1] Haas, H.G., P. Meuser und J. Eitenmüller: Mikrochirurgische Wiederherstellung verletzter Handnerven, Langenb. Arch. Chir. **332**, 861 (1972).

[2] Isselhard, W. und H. Merguet: Metabolite des Glykolyse-Zyklus und des Adenylsäure-Phosphokreatin-Systems im schlagenden und durchbluteten Warmblüterherzen unter verschiedenen Versuchsbedingungen. Pflügers Arch. **276**, 211 (1962).

[3] Malt, R.A. and W.H. Harris: Long-term utility of replanted arms. Ann. Surg. **176**, 334 (1972).

[4] Marty, A: Die Extremitäten-Replantation als gefäßchirurgischer Noteingriff. Chirurg **44**, 82 (1973).

[5] Mendler, N., F. Sebening und K.P. Theobald: Die Wirkung von Kalium-Magnesium-Aspartat auf den Energiestoffwechsel im ischämischen Myocard.in: Biochemische Eigenschaften und Möglichkeiten der klinischen Anwendung von Kalium-Magnesium-Aspartat. (Herausg.: R. Beer und U. Finsterer), S. 66 (1971), Editio Cantor, Aulendorf.

[6] Nakahara, M., S. Yamada, T. Sakahashi, Y. Nakanishi, T. Tokita und T. Yoshihara: Die Effekte von Kalium und Magnesium-Asparaginat auf die zelluläre Erschöpfung der Skeletmuskulatur und ihr Mechanismus. Arzneim. Forsch. **14**, 1191 (1964).

[7] Nasseri, M., H. Voss, R. Eisele, M. Meves und C. Witte: Erfolgreiche Replantation abgetrennter Gliedmaßen. Langenbecks Arch. Chir. **328**, 771 (1970).

[8] Stock, W. and W. Isselhard: Postischemic hyperemia and metabolic changes after langlasting blood flow interruption of a dog extremity. Vascular Surgery **6**, 487 (1972).

[9] Stock, W., H. Kristen and F.W. Eigler: Role of Kinins in tourniquet-shock of dogs. Exc. Med. Kongressband (1973) (im Druck).

[10] Stock, W., H.J. Bohn und W. Isselhard: Die Restitution des Energiestoffwechsels der Skeletmuskulatur der Ratte nach langdauernder Ischämie. Res. Exp. Med. **159**, 306 (1973).

[11] Volkmann, R.: Die ischämischen Muskellähmungen und -Kontrakturen. Centralbl. Chir. **51**, 801 (1881).

[12] Wollenberger, A., O. Ristau und G. Schoffa: Eine einfache Technik der extrem schnellen Abkühlung größerer Gewebestücke. Pflügers Arch. Ges. Physiol. **270**, 399 (1960).

Die Konservierung der Leber mit magnesiumhaltigem kryopräzipitiertem Serum

L. C. Tung, R. Häring, W. Hauck, P. Peveretos, H. Schaaf, B. Stallkamp und J. Waldschmidt

Die Konservierung der Leber ist im Tierexperiment bis zu 24 Stunden mit Erfolg durchgeführt worden [1, 2, 3, 4]. In unseren eigenen Versuchen haben wir die Leber durch hypotherme Perfusion mit oxygeniertem kryopräzipitiertem Serum konserviert [5]. Ob durch Zusatz von Magnesium in Form von Magnesium-L-Asparaginat zum Perfusat eine weitere Verlängerung der Ischämietoleranzzeit der Leber erzielt werden kann, ist bisher unbekannt. Diese Frage ist Gegenstand unserer heutigen Untersuchung.

Methodik

Die Leber wird einem Spenderschwein mit einem Gewicht zwischen 12 und 20 kg entnommen. Nach sorgfältiger Spülung werden die Gefäße kanüliert und das Organ in der in unserem Laboratorium entwickelten Perfusionskammer angeschlossen (Abb. 1). Diese Perfusionseinheit enthält neben einem Organbehälter zwei Rollenpumpen für die Durchströmung der Lebergefäße und einen Membranoxygenator. Als Perfusionsmedium verwenden wir kryopräzipitiertes homologes Serum. Die Oxygenierung erfolgt mit Luft. Die Perfusion wird bei einer konstanten Temperatur von 8 Grad Celsius durchgeführt. Während der Perfusion wird das pH durch Gabe von Kohlendioxyd auf einen Wert um 7,4 eingestellt. Das Durchströmungsvolumen beträgt durchschnittlich 0,8 bis 1 ml/ min/g Lebergewicht bei Drucken von 8 cm Wassersäule in der Pfortader und 70/40 mm Hg in der A. hepatica. In den folgenden Untersuchungsreihen wird der Perfusionslösung, die aus kryopräzipitiertem Serum besteht, Magnesium in unterschiedlicher Konzentration zugesetzt.

Serie 1 ohne Magnesiumzusatz (Mg^{++}_{0})
Serie 2 mit 2 mval/l Magnesium-L-Asparaginat (Mg^{++}_{2})
Serie 3 mit 15 mval/l Magnesium-L-Asparaginat (Mg^{++}_{15})
Serie 4 mit 40 mval/l Magnesium-L-Asparaginat (Mg^{++}_{40})
Serie 5 mit 80 mval/l Magnesium-L-Asparaginat (Mg^{++}_{80})

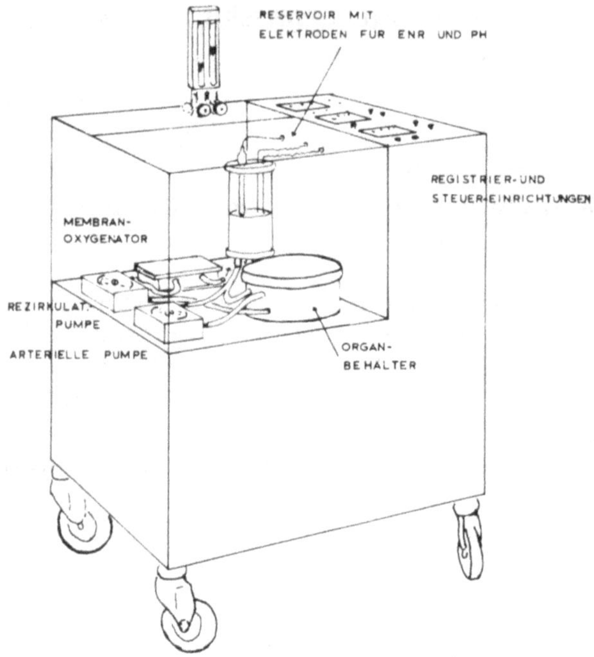

Abb. 1 Perfusionskammer

Die mit diesen Perfusionslösungen konservierten Organe wurden nach 20 bis 24 Stunden einem zweiten Schwein transplantiert. Darüber hinaus wurden die Transaminasen, die Elektrolyte und der Lactat-Pyruvat-Quotient im Serum gemessen und die intravasalen Strömungswiderstände der Leber und das Organgewicht vor und nach der Perfusion berechnet.

Ergebnisse

In Abb. 2 sind die intrahepatischen Strömungswiderstände eingezeichnet. Der Widerstand nimmt am Ende der Perfusion in allen Gruppen deutlich ab, ein Hinweis für die gleichbleibend gute Durchblutung der Organe auch bei 24stündiger Perfusionsdauer. Es sei jedoch schon hier darauf hingewiesen, daß in der 5. Gruppe mit der sehr hohen Magnesium-Konzentration von 80 mval/l der Widerstand während der Perfusion deutlich größer ist. Ein steiler Anstieg des Widerstandes während der Perfusion im Sinne eines Ausflußblockes wurde in keiner Versuchsgruppe beobachtet.

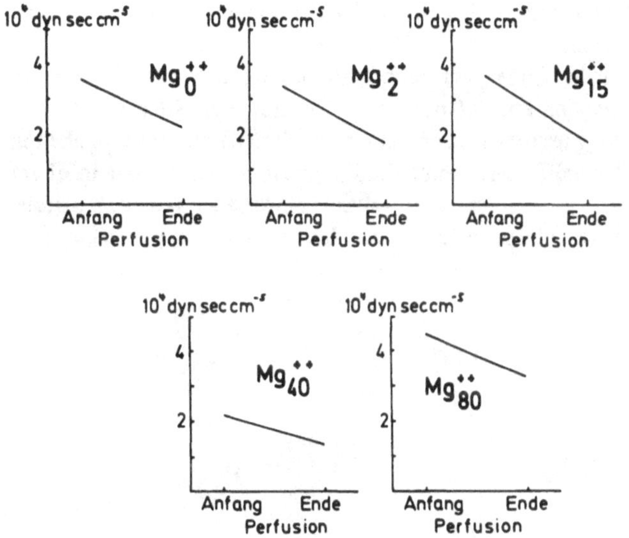

Abb. 2 Intravasaler Strömungswiderstand in der Leber am Anfang und Ende der Perfusion

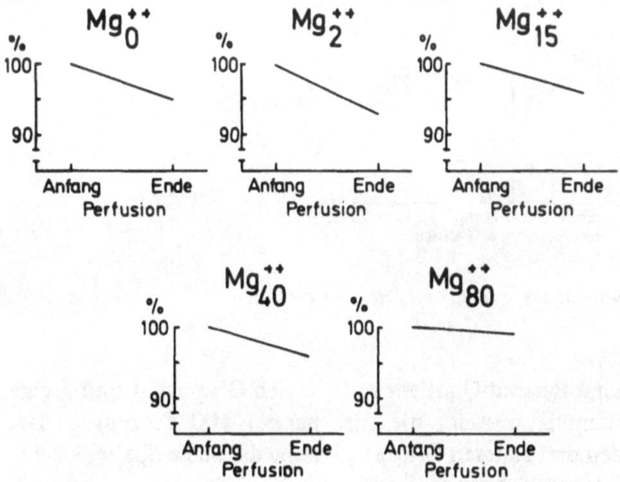

Abb. 3 Verhalten des Lebergewichtes am Anfang und Ende der Perfusion

Deutlich ist der Unterschied des Lebergewichtes in den fünf verschiedenen Gruppen (Abb. 3). Während dieses bei einer niedrigen Magnesium-Konzentration, wie es in der oberen Reihe zu erkennen ist, um 4 bis 7 Prozent am Ende der Perfu-

sion abnimmt, wird die Gewichtsreduktion in der Gruppe mit einem Magnesiumzusatz von 80 mval/l vermißt.
Sehr eindeutige Differenzen finden wir auch bei den Lactat-Pyruvat-Quotienten (Abb. 4). Diese liegen bei den ersten Gruppen im Normbereich, steigen jedoch in den Serien mit hoher Magnesium-Konzentration zunehmend an und erreichen in der 5. Gruppe mit 80 mval/l Magnesium die höchsten Werte, die wir in dieser Darstellung aus technischen Gründen nur punktiert eingetragen haben. Der hohe Lactat-Pyruvat-Quotient ist ein unverkennbarer Ausdruck der hypoxischen Zellschädigung.

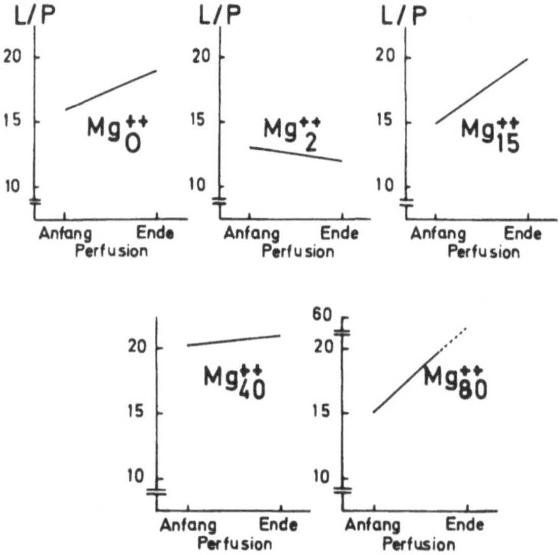

Abb. 4 Lactat-Pyruvat-Quotient am Anfang und Ende der Perfusion

Entsprechend dem Lactat-Pyruvat-Quotient tritt in den Gruppen 4 und 5 eine merkliche Kalium-Akkumulation ein, die hier nahezu 100 Prozent beträgt (Abb. 5), während in den drei anderen Gruppen – siehe die obere Spalte – keine Kalium-Akkumulation zu verzeichnen ist.
Eine starke Erhöhung der Glutamatdehydrogenase als Ausdruck einer bereits manifesten Organschädigung ist jedoch nicht nur in den Gruppen 4 und 5, sondern auch schon der der Gruppe 3 mit nur 15 mval/l Magnesium zu registrieren (Abb. 6). Das deutet bereits an, daß nicht nur bei den Organen der Gruppen 4 und 5, sondern auch bei der Leber der Gruppe 3 eine erfolgreiche Transplantation nicht mehr zu erwarten ist.

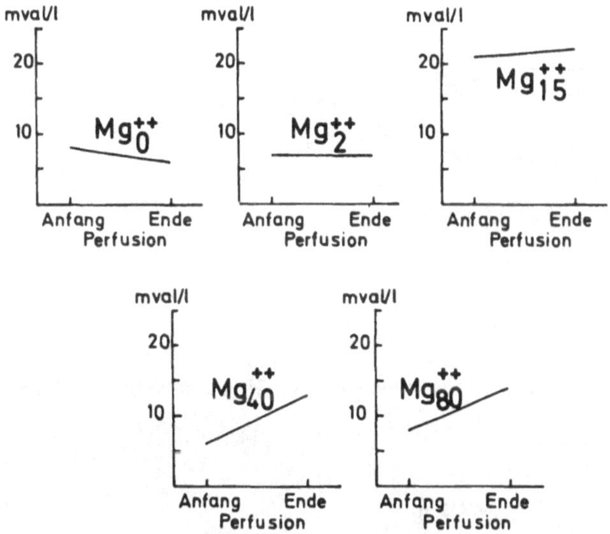

Abb. 5 K^+-Konzentration im Perfusat am Beginn und Ende der Perfusion

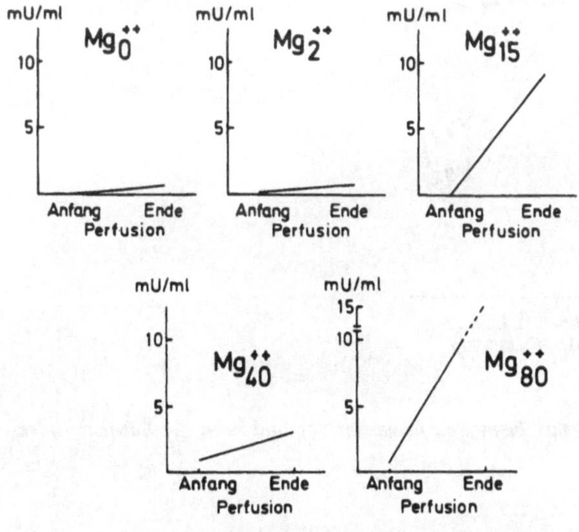

Abb. 6 Verhalten der GLDH im Perfusat am Anfang und Ende der Perfusion

In völliger Übereinstimmung mit den biochemischen Befunden steht das Transplantationsergebnis (Abb. 7). Nur in der Gruppe 2 haben die Tiere mit der 24

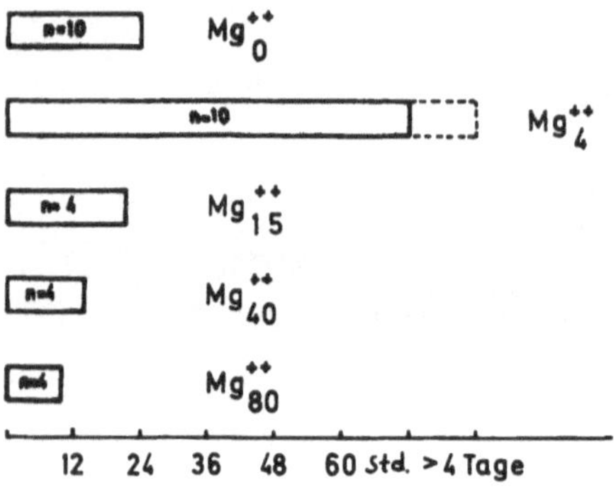

Abb. 7 Überlebenszeit der Tiere nach Implantation einer 20–24 Std. konservierten Leber

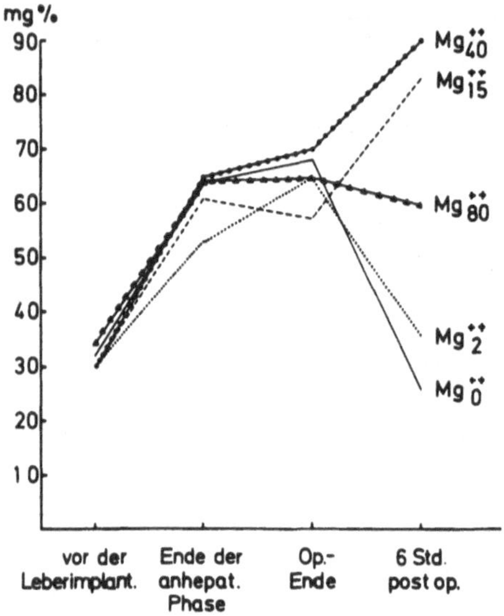

Abb. 8 Das Verhalten des Lactats beim Empfängertier vor und nach der Lebertransplantation

Stunden konservierten Leber mehr als vier Tage überlebt. Daher sind nur diese Organe als vital zu bezeichnen und für die Transplantation geeignet. Das kann anhand weiterer Untersuchungsergebnisse dokumentiert werden.

Als wesentlichen Parameter für die Funktion der intakten Leber und damit auch kennzeichnend für die Vitalität der Leber möchten wir das Lactat im Blut der

Empfängertiere besonders hervorheben. Das Lactat steigt bei allen Tieren während der anhepatischen Phase um das Doppelte des Ausgangswertes an und bleibt bis zum Ende der Operation unverändert hoch. Nach Abschluß der Transplantation fällt es bei guter Leberfunktion wieder zum Ausgangswert ab. In den übrigen Gruppen mit schlechter Leberfunktion bleibt der Lactatwert hoch und steigt sogar weiter an (Abb. 8).

Ebenso verhalten sich die Gerinnungszeit und der Quick-Wert (Abb. 9). Nur bei den Tieren, bei denen die Konservierung der Leber mit niedrigem Magnesium-Zusatz vorgenommen worden ist, liegen die Werte im Normbereich. In den anderen Gruppen sind die Tiere durch anhaltende Blutung infolge der Gerinnungsstörung verstorben.

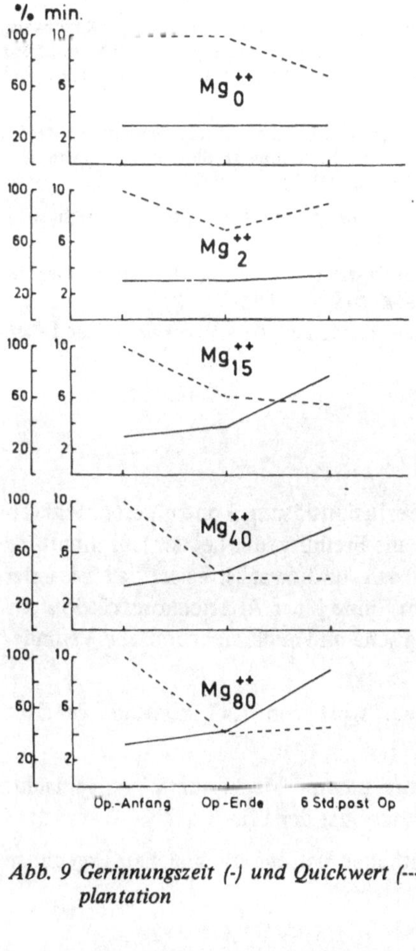

Abb. 9 Gerinnungszeit (-) und Quickwert (---) beim Empfängertier vor und nach Lebertransplantation

Zusammenfassung

Zusammenfassend kann gesagt werden, daß die Konservierung der Leber durch hypotherme Perfusion mit kryopräzipitiertem homologem Serum beim Schwein bis zu 22 Stunden erfolgreich war. Bei einem Zusatz von Magnesium-L-Asparaginat in die Perfusionslösung in einer Menge von 2 mval/l konnte die Konservierungszeit auf 24 Stunden mit Erfolg ausgedehnt werden. Eine weitere Erhöhung der Magnesiumkonzentration im Perfusionsmedium führt in jedem Falle zu einer hochgradigen Schädigung der Leber, eine erfolgreiche Transplantation ist nicht mehr zu erwarten.

Literatur

[1] Bretschneider, L., P.M. Dalozoe, C. Hugust, K.A. Porter, C.G. Groth, N. Kashiwagi, D.E. Hutchison and T.E. Starzl: The use of combined preservation techniques for extended storage of orthotopic liver homografts. Surg. Gynec. Obstet. **126**, 263 (1968).

[2] Garnier, H., J.P. Clot, I.P. Gorin, G. Chomette et M. Nizza: Etude experimentelle des possibilites de conservation hepatique pendant 24 heures et plus sous hypothermie hyperbarie et perfusion. Ann. Chir. **25**, 203–210 (1971).

[3] Nieny, C.J. and J.A. Myburgh: Successful 20-hours preservation of the primate liver by simple Cooling. Transplantation **11** (5), 495 (1971).

[4] Turner, M.D. and F. Allican: Successful 20-hours storage of the canine liver by continous hypothermic perfusion. Craobiology **6**, 293 (1970).

[5] Waldschmidt, J.: Über den temporären Lebererersatz und die Konservierung der Leber. Habilitationsschrift, Berlin Juli 1971.

Diskussion

Brandt: Haben Sie den pH-Wert Ihrer Perfusionslösung kontrolliert? Ich verweise auf die Arbeiten von *Zimmermann* aus Freiburg, der bei der Durchblutung der Leber eine starke pH-Abhängigkeit sah, und zwar ist es so, daß bei einer Acidose des Perfusats die Leberarterie im Sinne einer Arterienkonstriktion reagiert, und allein hieraus wären morphologische und auch biochemische Veränderungen abzuleiten.

Waldschmidt: Der ph-Wert ist bei einem Wert von 7,41 konstant gehalten worden.

Eckart: Haben Sie dieselben Versuche mit anderen Magnesiumsalzen gemacht, also Magnesiumchlorid beispielsweise, und wie war der Effekt da?

Tung: Das haben wir gemacht. Im wesentlichen wurden die gleichen Ergebnisse wie bei Magnesiumaspartat erzielt.

Eberlein: Mir ist der Gefäßwiderstand der normalen Leber nicht gegenwärtig, aber Ihre Angabe von 20 bis 40 000 (dyn/sek·cm^5), kommt mir sehr hoch vor. Wie groß ist denn der normale Widerstand im Lebergefäßbett?

Tung: Die Widerstände in den Teilkreisläufen der Schweineleber sind bei 8° C wesentlich höher als unter normothermen Bedingungen beim Menschen. Die Widerstände sind getrennt für das arterielle und das portale Stromgebiet nach folgender Formel berechnet worden:

$$W = \frac{\text{Art. Mitteldruck (mm Hg)}}{\text{Flow (ml/sec)}} \cdot 1332\ \text{dyn} \cdot \text{sec} \cdot \text{cm}^{-5}.$$

Unter diesen Bedingungen liegt der Widerstand im arteriellen Stromgebiet bei 3 bis 5 x 10^4 dyn/sec/cm^{-5} und im Pfortadergebiet bei

3 bis 4 × 10^3 dyn/sec/cm^{-5}

Birnbaum: Wieviel Prozent des Gesamtblutflusses oder Plasmaflusses durch die Leber sind durch die Leberarterie geflossen und wieviel Prozent durch die Pfortader?

Tung: Durch die A. hepatica fließt etwa ein Drittel des Gesamtdurchflusses.

Birnbaum: Den Gesamtdurchfluß haben Sie nicht gegenwärtig.

Tung: Der Gesamtdurchfluß bei unseren Versuchen liegt zwischen 350 und 450 ml/min bei einem Organgewicht von durchschnittlich 400 g.

Waldschmidt: Wir haben die Durchflußgrößen in der A. hepatica und V. portae getrennt bestimmt. Dabei schien es uns aus vielen Gründen sehr wesentlich zu sein, nicht die Durchflußmengen konstant zu halten, sondern die Perfusionsdrucke auf einen festen Wert einzustellen. Das ist dadurch erreicht worden, daß durch einen elektronischen Rückkopplungsmechanismus die Perfusionspumpen automatisch gesteuert worden sind. Der Druck in der A. hepatica wurde auf 60/40 mm Hg und der Pfortaderdruck auf 8 cm H_2O eingestellt. Der Durchfluß wurde wechselnd mit einem elektromagnetischen Flow-Meter oder mit einer Thermodillutionssonde gemessen und außerdem zur Kontrolle aus der Umdrehungszahl der Pumpen berechnet. Der Gesamtdurchfluß betrug durchschnittlich

0,8 bis 1,1 ml/g Leber/min.

Das sind relativ hohe Durchflußvolumina. Bei Verwendung von Blut, Plasma oder salinischen Lösungen als Perfusionsmedium sind die Durchflußraten bei Hypothermie im Verlauf einer so langen Perfusion sehr viel niedriger. Sie könnten nur vorübergehend durch Anwendung sehr hoher Perfusionsdrucke gesteigert werden. Diese günstigen hämodynamischen Parameter – hohe Durchflußraten bei niedrigen Perfusionsdrucken – erzielen wir nur bei Verwendung von kryopräzipitiertem Serum als Perfusionsmedium. Das ist der Grund, weswegen wir dem Kryoserum für unsere Konservierungsversuche den Vorzug geben.

Birnbaum: Haben Sie pharmakologisch wirksame Substanzen dem Perfusat zugegeben, z. B. Lidocain oder adrenolytisch wirksame Substanzen?

Tung: Bei dieser Versuchsanordnung nicht.

Henneberg: Ich weiß nicht, ob die Frage des Gefäßwiderstandes noch so im Raume hängen bleiben kann. Wenn die Schweineleber den vierfachen Widerstand hat, dann müßte ja ein vierfacher Druck herrschen, um die gleiche Perfusionsmenge durch die Leber hindurchzukriegen. Ich hätte die Frage von Herrn *Eberlein* mit dem hohen Perfusionswiderstand, Strömungswiderstand in der Schweineleber gern beantwortet.

Waldschmidt: In der Pfortader 8 cm H_2O und in der A. hepatica 60/40 mm Hg. Bei diesen niedrigen Perfusionsdrucken kommt es nicht zum Leberödem und nicht zum Ausflußblock.

Brandt: Darf ich da zur Erklärung noch anbieten, daß ja die Morphologie der Leber bei Mensch und Schwein völlig unterschiedlich ist. Das Schweineleberläppchen ist vollständig in Bindegewebe eingebettet, während die menschliche Leber einen freien Abfluß hat und es eigentlich kein „Leberläppchen" in diesem Sinne beim Menschen gibt, weil nämlich eine Kommunikation innerhalb des gesamten sinusoidalen Raumes beim Menschen möglich ist. Ich glaube, schon aus diesen differenten Aspekten der Morphologie kann man einen verminderten Durchfluß bei einem konstanten Druck beim Schwein gegenüber dem Menschen ableiten.

Hölscher: Ich kann das nicht ganz bestätigen. Nach meinen Erfahrungen sind die Durchflußraten bei der Rattenleber-Perfusion mit einem blutfreien Medium am höchsten.

Waldschmidt: Im Anfang?

Hölscher: Noch nach 3 Std. Ich hätte noch eine Frage an Herrn *Waldschmidt.* War die Lösung, die Sie verwendeten, isotonisch?

Waldschmidt: Zur 1. Frage: drei Stunden – das ist für uns der Anfang der Perfusion. Ein Anstieg der intrahepatischen Strömungswiderstände ist immer erst nach ca. 40 bis 45 Stunden eingetreten. Wir sind daher auch der Meinung, daß dieser Parameter nicht sehr empfindlich ist. Die bei den gleichen Versuchsserien erhobenen anderen Befunde (Lactat/Pyruvat-Quotient im Serum, Kalium-Akkumulation im Serum, Serum-Transaminasen, histologische und elektronenmikroskopische Befunde) deuten bereits nach 30stündiger Konservierungszeit eine Schädigung der perfundierten Leber an. Deswegen haben wir unsere Konservierungszeit auf 24 Stunden beschränkt.

Die 2. Frage betrifft die Osmolarität: Diese haben wir selbstverständlich immer kontrolliert. Den Einfluß der Osmolarität haben wir in früheren Untersuchungen systematisch untersucht. Wir konnten dabei feststellen, daß die perfundierten Organe bei einem Anstieg der Osmolarität im Perfusionsmedium auf über 350 mosMol/l starke Veränderungen aufweisen. Wir sind daher sehr bemüht, die Osmolarität der Perfusionsflüssigkeit niedrig zu halten. Das ist jedoch nicht möglich bei Perfusionsmedien mit hohen Magnesiumasparat-Konzentrationen. Hier lag die Osmolarität zwischen 350 und 370 mosMol/l. Es ergäbe sich daher beispielsweise eine von der Magnesium-Konzentration unabhängige Erklärung, warum unsere mit sehr hohen Magnesiumasparat-Konzentrationen perfundierten Organe Schädigungen zeigten (Gruppen 3 und 4). Die Frage, ob hier allein die Osmolarität oder die hohe Magnesiumasparat-Konzentration im kryopräzipitierten Serum die Leberschädigung verursacht hat, kann an dieser Stelle jedoch nicht beantwortet werden.

Eberlein: Das ist ja wahrscheinlich auch deshalb schwierig, weil zwei ganz verschiedene Drucke ins Spiel kommen, der Portaldruck und der Arteria-hepatica-Druck. Daraus wäre dann ein gemeinsamer Gefäßwiderstand zu berechnen. Aber vielleicht führt das vom Thema ab. Ich möchte deshalb die Frage hier nicht forcieren.

Waldschmidt: In unserer graphischen Darstellung haben wir immer nur den Widerstand im Stromgebiet der A. hepatica eingezeichnet, um eine übersichtliche Darstellung zu erzielen. Der Strömungswiderstand in der Pfortader wich in keinem der Versuche hiervon ab, so daß wir diese Werte nicht in die Tabelle eingetragen haben.

Reinhardt: Ein Widerstand ist definiert durch die Druckdifferenz, den treibenden Druck, dividiert durch die Stromstärke. Sie hatten noch nicht gesagt, wo Sie in Ihren Systemen den Ausflußdruck gemessen haben?

Waldschmidt: Der Ausflußdruck wurde immer konstant gehalten. Das gelang dadurch, daß der Flüssigkeitsspiegel im venösen Reservoir immer gleich hoch gehalten worden ist.

Reinhardt: Kann in der Bestimmung des treibenden Druckes ein Fehler liegen?

Waldschmidt: Wir haben immer den Mitteldruck verwandt und hiermit alle Werte berechnet.

Udes: Wenn ich das richtig verstanden habe, war die längste Überlebenszeit unter optimalen Bedingungen bei der Lebertransplantation zwei Tage. Welches waren nun die Ursachen, die zu dem Ende führten?

Waldschmidt: Unter günstigen Bedingungen haben die Tiere, denen eine derartige über 20 bis 24 Stunden konservierte Leber implantiert worden ist, bis zu neun Tagen gelebt. Wir haben die Tiere z. T. jedoch bereits vorher getötet, weil wir nicht die Möglichkeit einer längeren Wartung und Versorgung der Tiere haben. Zudem war die Überlebenszeit zur Beantwortung unserer Frage ausreichend. Denn die Konservierung kann als erfolgreich betrachtet werden, wenn die Tiere mit der implantierten Leber länger als drei Tage gelebt haben. Nach dieser Zeit haben wir Komplikationen wie Pneumonie, Anastomoseninsuffizienzen der ableitenden Gallenwege, Pneumothorax o. ä. grundsätzlich nicht behandelt, sondern die Tiere getötet. War die Leber schlecht konserviert, dann sind die Tiere in der Regel noch auf dem Operationstisch oder unmittelbar nach der Operation verblutet. Bei einigen Tieren zeigte sich die Leberinsuffizienz in Form eines Durchflußblockes. Das machte sich klinisch durch Ausbildung eines erheblichen Aszites mit Zwerchfellhochstand und an einer nicht zu beeinflussenden Acidose sowie Anstieg der Laktat-Werte im Blut bemerkbar. Diese Parameter sind alle gemessen worden, hier wegen der auf 10 Minuten beschränkten Sprechzeit aber nicht vorgetragen worden.

Birnbaum: Wieviel Liter Blut haben Sie diesen Tieren, die, wie Sie sagten, neun Tage überlebt haben, transfundiert?

Waldschmidt: Wir haben diesen Tieren während der Implantation in der Regel 500 ml Blut infundiert. Postoperativ wurden weitere 500 ml Blut, seltener auch 1000 ml oder gelegentlich auch 1500 ml Blut infundiert. So große Mengen wie es uns von *Starzl, Mieny* oder *Lee* bekannt ist (8 bis 12 Konserven Blut) haben wir jedoch nie verabreicht. Bei einer gut konservierten Leber war das auch nicht nötig. Wir hielten uns an die Regel: wenn mehr als vier Konserven benötigt werden, dann ist die Leber so schlecht konserviert, daß mit einer längeren Überlebenszeit nicht gerechnet werden kann.

Hölscher: Ich darf noch folgendes erwähnen. Die Versuche mit Sauerstoffdruckmessungen, die *Kessler* am Max-Planck-Institut in Dortmund mit der Mehrdrahtelektrode gemacht hat, zeigen, daß die Leber nicht gleichmäßig durchströmt wird. In Semidünn- wie auch in Ultradünn-Schnitten lassen sich normale und veränderte Leberzellen nebeneinander in dem gleichen Lobulus finden. Im Augenblick möchte ich mir noch kein abschließendes Urteil erlauben. Die Leber ist eben histologisch anders als der Herzmuskel.

Birnbaum: Dürfen wir nochmal auf das Problem Widerstand und Durchfluß übergehen? Wenn ich Sie richtig verstanden habe, sagten Sie, daß etwa 1/3 des gesamten Blutvolumens durch die Arterie geflossen sind. Sie sagten auf der anderen Seite, daß der Widerstand in der Arterie, im arteriellen Kreislauf und im portalen Kreislauf sich gleichmäßig während der Versuchsperiode geändert hat. Ich kann mir da nicht vorstellen, daß nur 1/3 des Blutvolumens durch die Arterie gelaufen ist und 2/3 des gesamten Perfusionsvolumens durch die Pfortader gelaufen sind.

Waldschmidt: Das haben wir gemessen. Es sind in der Regel 25 bis 30 Prozent durch die A. hepatica geflossen. Die gleichen Werte haben wir auch bei Messungen am lebenden Tier erhalten, und zwar bei Hunden und bei Schweinen. Unsere Messungen stimmen dabei mit den Ergebnissen anderer Untersucher *(Devens)* völlig überein.

Birnbaum: Sind denn beim normalen Tier auch die Widerstände vom arteriellen und vom portalen Kreislauf gleichmäßig hoch?

Waldschmidt: Die Strömungswiderstände verhalten sich im Verlauf der Perfusion in beiden Teilkreisläufen der Leber gleichmäßig. Sie sind bei Verwendung von kryopräzipitiertem Serum als Perfusionsmedium bei allen Versuchen in den ersten zwei bis drei Stunden der Perfusion abgefallen. Doch warum tritt dieser Abfall der Strömungswiderstände ein? Diese Frage wird nahezu bei jeder Diskussion über dieses Thema gestellt. Sie kann von mir nicht allgemeinverbindlich beantwortet werden. Wir erklären uns den Abfall der Strömungswiderstände so, daß in den ersten Stunden der Perfusion ein geringes Leberödem ausgeschwemmt wird. Dieses Ödem wird bei der Spülung der Leber nach der Hepatektomie eingelagert. Die Spülung erfolgt nämlich mit einer salinischen Lösung bei relativ hohen Einflußdrucken (40 cm H_2O für die Pfortader und 100 cm H_2O für die A. hepatica). Die Spülzeit beträgt 15 Minuten, Zeit genug, um Wasser in das Organ einzulagern. Im Verlauf der ersten zwei bis drei Stunden der Perfusion wird dieses Wasser dann – wie bereits angedeutet – wieder mobilisiert. Einen Beleg für diese Hypothese sehen wir darin, daß das Lebergewicht am Ende der Spülphase stets um durchschnittlich fünf Prozent größer ist als bei Beginn der Spülung. Um eben diese durchschnittlich fünf Prozent ist das Organ-Gewicht nach den Perfusionen mit dem kryopräzipitierten Serum wieder abgefallen. Eine solche Gewichtsabnahme und Abnahme der Strömungswiderstände tritt weder bei der Verwendung von salinischen noch von anderen kolloidalen Flüssigkeiten ein. Wahrscheinlich ist darin der Grund zu sehen, daß die längsten Konservierungszeiten mit kryopräzipitiertem Serum als Perfusat erzielt worden sind. Gleiche Untersuchungen liegen auch von *Garnier, Turner* und *Obszewski* vor.

Intramyokardialer und epikardialer pH-Wert als Indikator der Wiederbelebbarkeit des Herzens.[1]

D. Knoll, Ch. Fuchs, K. Kalbow, H. Nordbeck, K. Paschen, P. Schmicke, P. G. Spieckermann und H. J. Bretschneider

Jede Unterbrechung der Sauerstoffzufuhr zum Herzen führt zwangsläufig zu einem Energiedefizit, da das Warmblütlerherz seinen Energiebedarf nur aerob voll zu decken vermag [6,34,35,48]. Nach einem kurzen, störungsfreien Intervall folgt eine Phase abnehmender Funktion, eine Phase reversibel aufgehobener Funktion und schließlich die Phase zunehmend irreversibler Störungen biochemischer und struktureller Art [6,7,19,22,24–26,32,35,48]. Wird die Sauerstoffzufuhr rechtzeitig wiederhergestellt, so beginnt das Herz – nach einer Erholungslatenz – allmählich wieder seine Funktion aufzunehmen. Volle Suffizienz ist aber erst nach einer ausreichenden Erholungszeit, deren Dauer etwa exponentiell mit der Ischämiezeit zunimmt, erreicht [34,48]. Störungsfreies Intervall, Phase der abnehmenden Funktion und Phase der reversibel aufgehobenen Funktion werden als Wiederbelebungszeit zusammengefaßt [6]. Die theoretische Grenze der Wiederbelebungszeit ist definitionsgemäß erreicht, wenn die Erholungszeit unendlich lang wird, d. h. wenn die gesetzten Schäden trotz aller Wiederbelebungsmaßnahmen nicht mehr reversibel sind. Unter der „Praktischen Grenze" der Wiederbelebungszeit verstehen wir demgegenüber die maximal vom Organ tolerierte Dauer einer totalen Ischämie, nach der noch sicher eine suffiziente Herzaktion zu erwarten ist, ohne daß die benötigte Erholungszeit 20–30 Minuten überschreitet [20,34,35,48,50].

In der Literatur sind zahlreiche, z. T. klinisch angewandte Verfahren zur Verbesserung der Wiederbelebungszeit angegeben [1,3,4,8,10,12,14,17,18,23,27,31,33,39–42,46,51]. Eine gemeinsame Problematik aller Bemühungen liegt in der Suche nach geeigneten Parametern, mit denen die Grenzen der Wiederbelebungszeit sicher erfaßt werden können, da einige Faktoren (Temperatur, Narkoseform, präischämische Belastung, Pharmaka, Wirkungsprinzip der Kardioplegie, Technik der Kardioplegie) von einer nicht ohne weiteres abschätzbaren Bedeutung sein können [1,5,29,30,48–50].

Nach funktionellen Kriterien ist die Wiederbelebbarkeit a) nur retrospektiv aus dem Wiedergewinn oder Verlust der Funktion zu erkennen, b) wegen der exponentiell ansteigenden Erholungszeit nur unscharf und in großen Versuchsserien zu erfassen [6,35,48].

[1] Mit Unterstützung der Deutschen Forschungsgemeinschaft im Rahmen des SFB 89 – Kardiologie Göttingen

Biochemische Kriterien, insbesondere der Gehalt des Myokards an energiereichen Phosphaten, lassen sich nach Befunden zahlreicher Autoren gut mit den funktionellen Kriterien korrelieren [3,6,13,25,33,48]. Der Abfall des myokardialen ATP-Gehaltes im Verlauf einer Ischämie ist eng mit dem Anstieg des Lactatgehaltes verknüpft [6,35,48].
Der intramyokardiale pH-Wert sollte daher eng mit den biochemischen Befunden zur Erfassung der Wiederbelebungszeit korreliert sein [30,37,38].
In den vorliegenden Untersuchungen sollte geprüft werden, ob bei unterschiedlichen Formen der Kardioplegie der intramyokardiale pH-Wert und darüber hinaus der epikardiale pH-Wert ein zuverlässiger Indikator für die Abschätzung der Wiederbelebbarkeit sein können.

Methodik

Bei den insgesamt 23 durchgeführten Versuchen (Bastardhunde) kamen zwei unterschiedliche Verfahren der Kardioplegie zur Anwendung:
1. ein Injektionsverfahren mit der Cardioplegin^{R}-Lösung (28), sowie mit einer modifizierten Cardioplegin-Lösung, deren pH-Wert durch Zusatz von 1n-KOH (K^{+}der Lösung rund 4,5 mval/l) auf einen pH Wert von 7,40 eingestellt wurde (Gruppe IV).
2. das von *Bretschneider* mitgeteilte Perfusionsverfahren mit der Ca-freien, Na-armen -Procain-haltigen Lösung [6].
Die Versuche wurden in Halothan, Penthrane oder Piritramide-N_2O-Narkose durchgeführt, während der Aortendruck, zentralvenöser Druck und EKG fortlaufend registriert wurden, Elektrolyte und Säure-Basen-Status in regelmäßigen Abständen kontrolliert wurden und Abweichungen von der Norm ggf. korrigiert wurden. Ein Teil der Versuche wurde an Herzen vorgenommen, die infolge vorangegangener Maßnahmen z. T. erheblich vorgeschädigt waren (Herzstillstände, Herzmassage).
Am funktionell isolierten Herzen wurde der Cardioplegin-Stillstand durch rasche Injektion von 100–250 ml zimmerwarmer Cardioplegin-Lösung in den abgeklemmten Aortenbulbus eingeleitet. Ein Teil der Herzen wurde in einer auf 35° C temperierten feuchten Kammer gehalten (Gruppe II), ein anderer Teil wurde bei 32° C aufbewahrt (Gruppe III).
Die *Bretschneider*-Kardioplegie wurde mit der O_2-gesättigten auf 35°-temperierten Lösung durch fünfminütige Perfusion eingeleitet. Die Herzen wurden z. T. in auf 35° C-temperierter kardioplegischer Lösung aufbewahrt (Gruppe I), z. T. konnten sie in einer feuchten Kammer auf 32° C abkühlen (Gruppe V).
Die Messungen des intramyokardialen pH-Wertes wurden mit einer Einstichelektrode vom Typ der Einstabmeßkette (Fa. Ingold 406-30) und parallel dazu mit einer Oberflächenelektrode auf dem Epikard als Einstabmeßkette (403-32)

durchgeführt. Die Messungen erfolgten über einen Zeitraum von 90 Minuten, teils diskontinuierlich mit pH-Metern der Fa. Radiometer/Kopenhagen, teils fortlaufend mit Hilfe von zwei Digital-pH-Metern der Fa. Orion (Modell 701), die an zwei Kompensationsschreiber (Servogor – RE 511, Kipp u. Zonen – BD 8), angeschlossen waren. In regelmäßigen Abständen wurden in jedem Versuch 6–10 Gewebsproben für die enzymatisch-optische Analyse von ATP und Lactat entnommen [34].

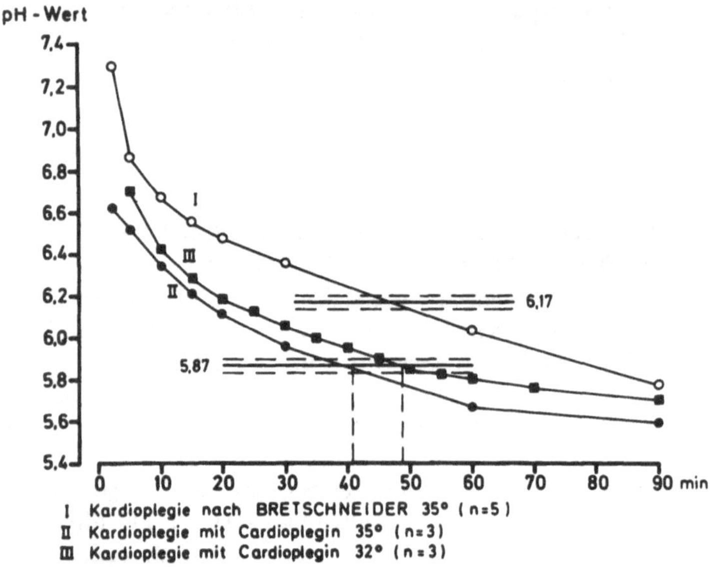

Abb. 1 Zeitliches Verhalten des intramyokardialen pH-Wertes bei unterschiedlichen Kardioplegieformen

Ergebnisse

Das Verhalten des intramyokardialen pH-Wertes während der Ischämie bei drei unterschiedlichen Versuchsgruppen ist in Abb. 1 wiedergegeben. Bei der *Bretschneider*-Kardioplegie (Kurve I, n=5) bei 35^{0} wird der kritische pH-Wert von 6,17 nach rund 50 Minuten erreicht. Dies entspricht der parallel bestimmten ATP-Zeit, die bei 4 umol/g FG erreicht wird und der sogenannten praktischen Grenze der Wiederbelebungszeit gleichzusetzen ist. Legt man den genannten Grenz-pH-Wert für den Cardioplegin-Stillstand von 35^{0} zugrunde, so ergibt sich eine Diskrepanz zur gleichzeitig bestimmten ATP-Zeit. Das t_{ATP} von rund 40 Minuten würde bei einem pH-Wert von 5,87 erreicht (Kurve II). Dieser Grenz-pH-Wert gilt auch für die Versuchsgruppe des Cardioplegin-Stillstandes von

32 °C (Kurve III). Die Temperaturerniedrigung führt zu einer Verbesserung der Ischämietoleranz um rund acht Minuten.
Das zuletzt genannte Kollektiv wird in der Abb. 2 mit einer Gruppe verglichen, bei der der Cardioplegin-Stillstand mit einer besonderen Lösung durchgeführt wurde, deren pH-Wert auf den physiologischen von 7,40 angehoben wurde (Kurve IV). Der für die Kardioplegie gültige pH-Wert von 6,17 wird unter diesen Bedingungen auch für den Cardioplegin-Stillstand gefunden. Die Wiederbelebungszeit (t_{ATP}) ist in diesem Kollektiv gering verkürzt.

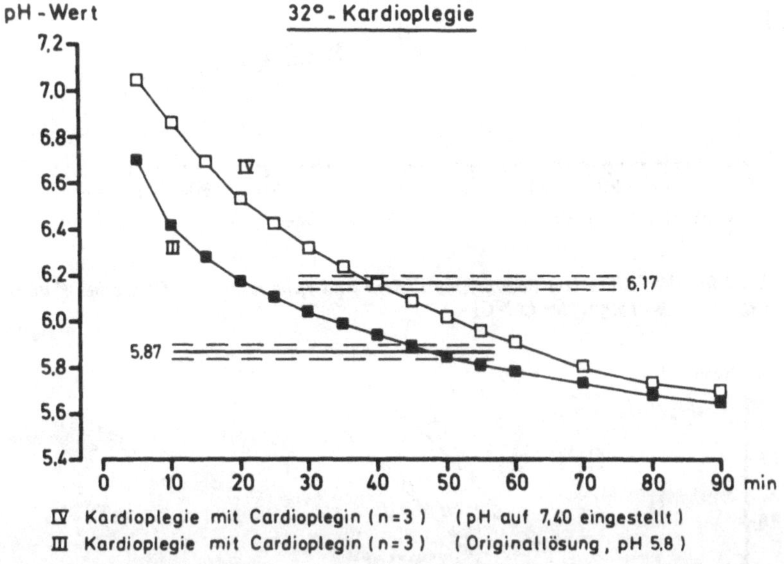

Abb. 2 Zeitliches Verhalten des intramyokardialen pH-Wertes bei zwei Formen der Cardioplegin-Kardioplegie

Die Ergebnisse aus dem Vergleich von intramyokardialem und epikardialem pH-Wert sind in der Abb. 3 zusammengefaßt. Absolutwert und Verlauf der beiden pH-Wert-Kurven ergeben bei der hier durchgeführten *Bretschneider*-Kardioplegie weitgehend identische Werte.
In der Abb. 4 sind die Werte von Oberflächen- und Einstichelektrode gegeneinander aufgetragen. Für die *Bretschneider*-Kardioplegie ergibt sich eine Regressionsgrade, die weitgehend mit der Identitätslinie übereinstimmt: $y=0{,}95\ x + 0{,}31$ bei einem sehr guten Korrelationskoeffizienten ($r = 0{,}9945$). Für den Cardioplegin-Stillstand finden wir eine parallel verschobene Regressionsgerade ($y = 0{,}89\ x - 0{,}87$), d. h. die Oberflächenelektrode mißt hier systematisch zu hoch. Die Korrelation ist mit einem Korrelationskoeffizienten von $r=0{,}9824$ recht gut.

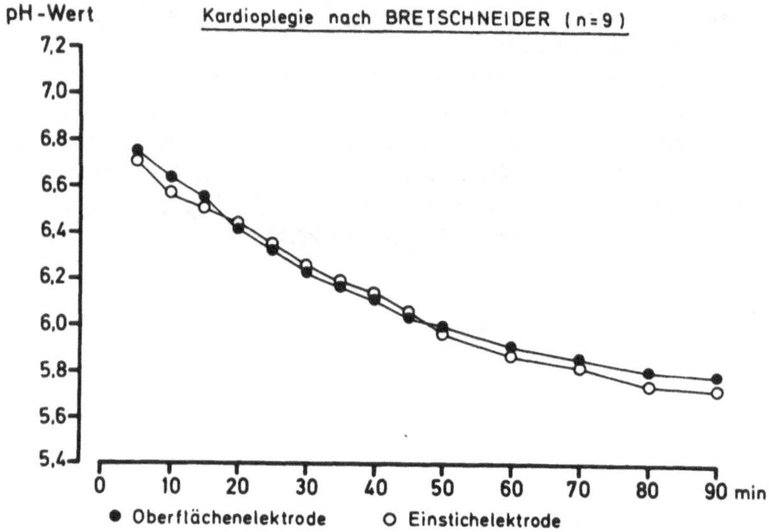

Abb. 3 Zeitliches Verhalten von intramyokardialem und epikardialem pH-Wert bei Kardioplegie nach Bretschneider (32°C)

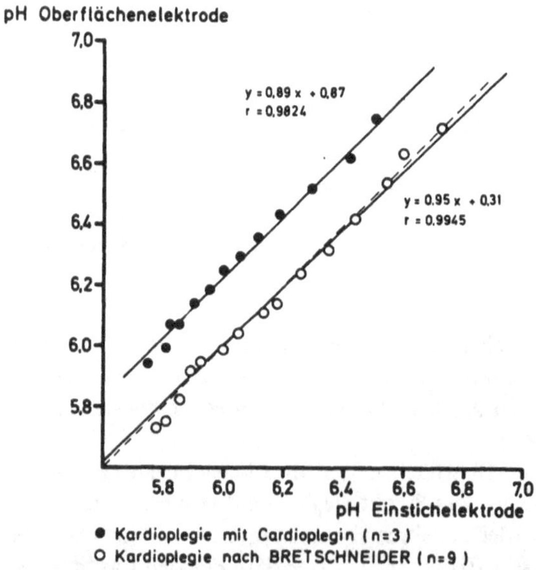

Abb. 4 Vergleich der mit Oberflächen- und mit Einstichelektrode gemessenen pH-Werte bei zwei unterschiedlichen Formen der Kardioplegie (32°C). Eingezeichnet sind Regressionsgraden (durchgezogene Linien) und Identitätslinie (gestrichelte Linie)

Diskussion

Die Ergebnisse der intramyokardialen pH-Messung zeigen, daß für die Cardioplegin-Kardioplegie ein anderer Grenz-pH-Wert anzunehmen ist, als für die Kardioplegie nach *Bretschneider* [37,38]. Dieser kritische pH-Wert dürfte bei 5,9 liegen [30]. Diese unterschiedlichen pH-Werte bedeuten nun nicht, daß die beiden Kardioplegieformen einen unterschiedlichen Wirkungsmechanismus hätten, sondern sie sind allein auf die unterschiedlichen pH-Werte der verwandten Lösungen zurückzuführen. Durch Einstellen der sauren Cardioplegin-Lösung (pH: 5,80) auf einen pH-Wert von 7,40, welcher der *Bretschneider*-Lösung entspricht, kann diese scheinbare Diskrepanz geklärt und aufgehoben werden.

Dieser Befund bestärkt die Annahme, daß mit der Einstichelektrode überwiegend extracellulär gemessen wird und der bereits unter physiologischen Bedingungen tiefer liegende intrazelluläre pH [15,16,21,36,44,45] nicht oder kaum erfaßt wird. Auch die gute Übereinstimmung von intramyokardialem und epikardialem pH sprechen für diese Überlegung.

Entsprechende Werte eines mit der Ischämiedauer abnehmenden pH-Wertes des Myokards wurden auch von anderen Autoren bei anderen Versuchsanordnungen vereinzelt gemessen [2,16,36]. Das Ausmaß des pH-Abfalls entspricht dabei den bereits mitgeteilten Werten [38].

Unsere systematischen Messungen haben als gemeinsame Bezugsgröße die nach biochemischen Kriterien ermittelte praktische Wiederbelebungszeit [6,34,48–50], deren Korrelation zur Funktion schon in früheren Untersuchungsreihen geprüft und erhärtet wurde [11,17,43]. Eine Übertragbarkeit auf den Menschen scheint durch mehrere Untersuchungen wahrscheinlich [18,41,47].

Ungeprüft war bisher die Frage, ob auch eine Oberflächenmessung richtige und zuverlässige Ergebnisse haben könnte. Unsere Befunde einer guten Übereinstimmung von intramyokardialem und epikardialem pH-Wert bei der durchgeführten Perfusionskardioplegie lassen diese Frage bejahen. Es bleibt allerdings bei der Cardioplegin-Kardioplegie der systematisch höhere pH-Wert mit der Oberflächenelektrode zu beachten. Eine Klärung ist z. Z. nicht möglich; zu diskutieren wäre eine schlechtere Perfusion der epikardnahen Schichten bei der verwandten Injektionstechnik.

Die Brauchbarkeit der Oberflächenelektrode wird allerdings durch meßtechnische Probleme eingeschränkt:

1. Die Einstellzeit der Oberflächenelektrode auf dem Myokard ist gegenüber der Einstichelektrode verlängert (2–5 Minuten).
2. Die Oberflächenelektrode kann leicht durch Verschmutzungen gestört werden (Blut o. ä.).

Insgesamt ist eine saubere Messung also nur möglich, wenn die Elektrode über die gesamte Meßdauer aufgesetzt bleibt. Punktuelle Messungen sollten daher nur mit einer Einstichelektrode erfolgen. Der Nachteil besteht hier in einer Abbruchgefahr sowie in der Traumatisierung des Gewebes. Bei einem möglichen Einsatz der Elektroden im klinischen Betrieb sollten die genannten Grenz-pH-Werte mit Zurückhaltung hingenommen werden, solange keine klinischen Befunde hierzu vorliegen.

Zusammenfassung

Bei unterschiedlichen Formen eines induzierten Herzstillstandes wurden fortlaufend intramyokardialer und epikardialer pH-Wert gemessen. Die Ursache für den um rund 0,3 pH-Einheiten niedrigeren kritischen pH-Wert für den Cardioplegin-Stillstand konnte auf die besonderen Eigenschaften der sauren Lösung zurückgeführt werden. Bei der *Bretschneider*-Kardioplegie ist der epikardiale pH-Wert ebenso wie der intramyokardiale pH-Wert als Parameter für die Wiederbelebbarkeit des Herzens geeignet. Beim Cardioplegin-Stillstand mißt die Oberflächenelektrode systematisch zu hoch. Die Ursachen und die methodischen Grenzen der pH-Messung werden diskutiert.

Literatur

[1] Adachi, M.: The effect of various cardioplegic procedures on myocardial oxygen consumption in normo- and hypothermia. Tohoku J. exp. Med. **94**, 177 (1968).

[2] Ardenne, M. und B. Kern: Der Herzinfarkt als Folge der lysosomalen Zytolyse-Kettenreaktion. Dtsch. Gesundh. Wes. **38**, 1769 (1971).

[3] Björk, V.O.: Safety factors in open-heart surgery. J. thorac. cardiovasc. Surg. **54**, 161 (1967).

[4] Björk, V.O., M.H. Holmdahl und P.O. Peterson: Hypothermia with coronary perfusion for the correction of atrial septal defects with or without abnormal pulmonary feins. Acta chir. scand. **119**, 317 (1960).

[5] Bonhoeffer, K.: Der Sauerstoffverbrauch des normo- und hypothermen Hundeherzens vor und während verschiedener Formen des induzierten Herzstillstandes. Bibliotheca Cardiologica, Fasc. **18**, (1967).

[6] Bretschneider, H.J.: Überlebenszeit und Wiederbelebungszeit des Herzens in Normo- und Hypothermie. Verh. dtsch. Ges. Kreisl.-Forsch. **30**, 11 (1964).

[7] Busch, E.W. und G. Gerken: Abbau von Purinnucleotiden im KCl-stillgestellten Kaninchen- und ischämischen Hundeherzen. Z. physiol. Chem. **350**, 105 (1969).

[8] Clark, L.O., F. Berg, C. Lyons, S. Kaplan und S. Edwards: Continous perfusion of the arrested heart with arterialized hypoxalcemic blood. Surg. Forum **10**, 518 (1960).

[9] Döring, V. und G. Gerken: Stoffwechsel des stillgestellten ischämischen Hundeherzens und stillgestellten perfundierten Kaninchenherzen. Kongr. Ber. dtsch. physiol. Ges. **40**, R 4 (1972).

[10] Domaning, E., F. Helmer und E. Wolner: Erste Erfahrungen mit einem langdauernden ischämischen Herzstillstand. Thoraxchirurgie **17**, 75 (1969).

[11] McDonald, T.F. and D.P. Mac Leod: Anoxia-recovery cycle in ventricular muscle: action potential duration, contractility and ATP content. Pflügers Arch. **325**, 305 (1971).

[12] Effler, D.B., H.F. Knight, L.K. Groves and W.J. Kolff: Elective cardiac arrest for open-heart surgery. Surg. Gynec. Obstr. **105**, 407 (1957).

[13] Fleckenstein, A.: Experimentelle Pathologie der akuten und chronischen Herzinsuffizienz. Verh. dtsch. Ges. Kreisl.-Forsch. **34**, 15 (1968).

[14] Galetti, P.M. and G.A. Brecher: Induced cardiac arrest. In: Heart-lung bypass. New York – London 1962.

[15] Gebert, G.: Implantable pH glass elektrodes and their application for the measurement of the interstitial pH of working skeletal muscle. Tagg. dtsch. physiol. Ges. **40**, R 54 (1972).

[16] Gebert, G., H. Benzing und M. Strohm: Changes in the interstitial pH of dog myocardium in response to local ischemia, hypoxia, hyper- and hypocapnia, measured continuously by means of glass microelectrodes. Pflügers Arch. **329**, 72 (1971).

[17] Gehl, H.: Experimentelle Untersuchungen zur Bestimmung der Dauer eines gut reversiblen Herzstillstandes bei selektiver Hypothermie durch intermittierende Coronarperfusion. Z. ges. exp. Med. **139**, 663 (1965).

[18] Goldman, B.S., A.S. Trimble, M.A. Sheverini, S.J. Treasdale, M.D. Silver and R.N. Elliot: Functional and metabolc effects of anoxic cardiac arrest. Ann. thorac. Surg. **11**, 122 (1971).

[19] Günther, T. und B. Hölscher: Biochemische Untersuchungen bei verschiedenen Formen des pharmakologischen Herzstillstandes. Thoraxchirurgie **10**, 382 (1963).

[20] Gudbjarnason, S., P. Mathes and K.G. Ravens: Functional compartimentation of ATP and Creatine phosphate in heart muscle. J. molec. cellul.Cardiol. **1**, 325 (1970).

[21] Heisler, N. and J. Piiper: Intracellular pH in excised rat diaphragmas with respiratory and metabolic changes of extracellular pH. Tagg. der dtsch. physiol. Ges. **40**, R 45 (1972).

[22] Hübner, G.: Electron microscopic investigation of cardioplegia. Electron microscopy of various forms of cardiac arrest in correlation with myocardial function. Meth. Archiev. m. exp. Path. **5**, 518 (1971).

[23] Isselhard, W.: Maßnahmen zur Verbesserung der Erholung des Herzens nach anaerobiose. Langenbecks Arch. klin. Chir. **319**, 665 (1967).

[24] Isselhard, W. und H. Merquet: Herzstoffwechsel bei künstlichem Herzstillstand und bei Reperfusion. Thoraxchirurgie **11**, 211 (1963).

[25] Isselhard, W., H. Merquet und J. Aengenvoort: Vergleich des Herzstoffwechsels bei verschiedenen Methoden des künstlichen Herzstillstandes. Pflügers Arch. **286**, 336 (1965).

[26] Just, H., H.P. Krayenbühl, W. Kübler, M. Rothlin und P.G. Spieckermann: Stillstand, Überlebenszeit und Wiederbelebungszeit des Herzens. Arzneimittel-Forsch. **20**, 335 (1970).

[27] Kirchhoff, P.G.: Experimentelle Untersuchung zur Herzkonservierung. Habilitationsschrift, Göttingen 1970.

[28] Kirsch, U.: Untersuchungen zum Eintritt der Totenstarre an ischämischen Meerschweinchenherzen in Normothermie. Arzneimittel-Forsch. **20**, 1071 (1970).

[29] Knoll, D., U. Braun, J.W. Gethmann, B. Lohr, K. Paschen, P.G. Spieckermann und H.J. Bretschneider: Vergleichende Untersuchungen zur Überlebens- und Wiederbelebungs-

zeit des Herzens bei einigen Kardioplegieformen. Kolloquium über Kalium-Magnesium-Aspartat, Hamburg 30. 10. 1971.

[30] Knoll, D., Ch. Fuchs, J.W. Gethmann, G. Hübner, B. Lohr, P.G. Spieckermann, H.J. Bretschneider: Energiereiche Phosphate im Herzmuskel und intramyokardialer pH-Wert bei einigen klinisch angewandten Formen der Kardioplegie. Langenbecks Arch. Chir. Suppl. Chir. Forum **289** (1972).

[31] Kraft-Kinz, J., F.M. Wageneder, S. Schuy, G. Frichs und W.F. List: Zur Ruhigstellung des Herzmuskels bei intrakardialen Eingriffen. Zbl. Chir. **50**, 1706 (1969).

[32] Krause, E.G.: Biochemische Veränderungen beim Herzstillstand. Ber. ges. inn. Med. **6**, 19 (1968).

[33] Kübler, W.: Nutzbare Ischämiedauer des Herzens in Abhängigkeit von der energetischen Ausgangslage des Myokards, der Kardioplegieform und der Temperatur. Langenbecks Arch. klin. Chir. **319**, 648 (1967).

[34] Kübler, W.: Tierexperimentelle Untersuchungen zum Myokardstoffwechsel im Anginapectoris-Anfall und beim Herzinfarkt. Bibliotheca Cardiologica **22** (1969).

[35] Kübler, W. und P.G. Spieckermann: Die Wiederbelebungszeit des Herzens. Dtsch. med. Wschr. **95**, 1279 (1970).

[36] Lang, D. and F. Saborowski: The effect of hypoxia on the intracellular pH, lactate, pyruvate and labile phosphate in cardiac muscle of the rat. Tagg. dtsch. physiol. Ges. **40**, R 47 (1972).

[37] Lohr, B., U. Braun, K. Hellberg, P.G. Spieckermann und E. Nordeck: Intramyokardialer pH-Verlauf während verschiedener Formen des künstlichen Herzstillstandes. Tagg. dtsch. physiol. Ges. **38**, R 15 (1970).

[38] Lohr, B., U. Braun, K. Hellberg, D. Knoll, E. Nordeck und P.G. Spieckermann: Intramyokardialer pH-Wert als Indikator für die Wiederbelebbarkeit des künstlich stillgelegten Herzens. Langenbecks Arch. klin. Chir. **324**, 228 (1971).

[39] Lundsgaard-Hansen, P.: Chirurgie und Grundlagenforschung: der künstliche Herzstillstand. Schweiz. med. Wschr. **96**, 839 (1966).

[40] Merrit, D.M.H., W.C. Sealy, W.G. Young and J.S. Harris: Potassium, Magnesium and neostigmine for controlled cardioplegia. Arch. Surg. **76**, 365 (1958).

[41] Merguet, H., W. Isselhard und B. Löhr: Stoffwechselveränderungen im menschlichen Herzen bei künstlichem Herzstillstand. Thoraxchirurgie **11**, 351 (1963).

[42] Nakae, S., W.R. Webb, K.E. Salyor, M.O. Unal, W.A. Cook, R.P. Dodds and G.T. Williams: Extended survival of the normothermic anoxic heart with metabolic inhibitors. Ann. thorac. Surg. **3**, 37 (1967).

[43] Reidemeister, J.C., G. Rau, D. Grebe und L.E. Orellano: Elektrokardiographische Befunde nach Kardioplegie durch extrazellulären Natrium- und Calciumentzug und Procaingabe im Überlebensversuch beim Hund, verglichen mit anderen Herzstillstandmethoden. Arch. Kreisl.-Forsch. **58**, 73 (1969).

[44] Saborowski, F., W. Usinger und C. Albers: Das intracelluläre pH des Muskels in Abhängigkeit vom CO_2-Druck. Tagg. dtsch. physiol. Ges. **38**, R 4 (1970).

[45] Saborowski, F., W. Usinger und C. Albers: pH und CO_2-Bindungskurve im Intracellulärraum der Skeletmuskulatur beim Hund. Pflügers Archiv. **328**, 121 (1971).

[46] Schoen, H.R.: Vergleichende tierexperimentelle Untersuchungen zur Verlängerung der Wiederbelebungszeit von Herz und Gesamtorganismus in Normothermie und durch pharmakologische Vorbehandlung. Arch. Kreisl.-Forsch. **57**, 1 (1968).

[47] Sebening, F., I. Trautschold und I. Hüller: Vergleichende Stoffwechseluntersuchungen am stillgestellten menschlichen und tierischen Herzen. Thoraxchirurgie **11**, 205 (1963).

[48] Spieckermann, P.G.: Überlebens- und Wiederbelebungszeit des Herzens. Anaesthesiologie und Wiederbelebung **66**, 1972 (im Druck).

[49] Spieckermann, P.G., U. Braun, K. Hellberg, B. Lohr, D. Kettler, E. Nordeck und H.J. Bretschneider: Überlebens- und Wiederbelebungszeit des Herzens während Ketamine-, Barbiturat- und Halothan-Narkose. Z. prakt. Anästh. **5**, 365 (1970).

[50] Spieckermann, P.G., J. Brückner, W. Kübler, B. Lohr und H.J. Bretschneider: Präischämische Belastung und Wiederbelebungszeiten des Herzens. Verh. dtsch. Ges. Kreisl.-Forsch. **35**, 358 (1969).

[51] Webb, W.R., R.P. Dodds, M.O. Unal, A.M. Karow, W.A. Cook and C.R. Daniel: Suspended animation of the heart with metabolic inhibitors. Ann. Surg. **164**, 343 (1966).

Diskussion

Brandt: Sie haben bei Ihren Hundeherzen die großartige anatomische Situation, daß das Hundeherz kaum Fett hat. Wie stellen Sie sich die Anwendbarkeit beim Menschen vor, wo es kaum ein Gebiet gibt, insbesondere bei älteren Menschen, wo subepikardial wirklich Muskulatur liegt, sondern meistens findet sich doch eine Schicht subepikardialen Fettgewebes? Ist Ihre Methode dann auch noch anwendbar oder nicht mehr?

Knoll: Sie haben recht, daß eine meßtechnische Problematik darin liegen kann, daß „Verunreinigungen" wie z. B. Fettgewebe an Stelle des Myokards unter der Meßelektrode liegen. Unsere Meßwerte beziehen sich auf das Myokard. Falls Sie im Einzelfall tatsächlich keine fettfreie Stelle auf dem Herzen finden sollten, müßten Sie ggf. eine Einstichelektrode verwenden.

Lunkenheimer: Beim Aortenklappenersatz werden zuweilen erheblich längere Zeiten coronaren Flußstopps erreicht, als der von Ihnen empfohlenen Grenze entspricht. Nach Ihren Vorstellungen und Untersuchungen müßten dabei pH-Werte erreicht werden, die wohl nicht mehr mit dem Leben vereinbar sind.

Knoll: In meiner relativ langen Einführung habe ich versucht klarzumachen, was wir unter der „praktischen Grenze der Wiederbelebungszeit" verstehen. Die scheinbare Diskrepanz zu klinischen Befunden kann mit dadurch erklärt werden, daß unsere Grenzwerte beinhalten, daß die stillgestellten Herzen nach einer klinisch tolerierbaren Erholungszeit von 20 – 30 Minuten ihre Kreislaufarbeit wieder voll suffizient übernehmen können. Natürlich sind die Herzen auch nach Zeiten, die länger als die „praktische Wiederbelebungszeit" dauern, noch wiederbelebbar; allerdings nimmt dann dic notwendige Erholungszeit rasch zu. Die theoretische Grenze der Wiederbelebungszeit erreichen sie schließlich, wenn die Erholungszeit unendlich lange wird. Die sog. praktische Wiederbelebungszeit beinhaltet also sozusagen eine Reserve, die sich bei länger dauernden Stillständen zunehmend erschöpft.

Lunkenheimer: Vielleicht sollte hier noch einmal vor einer allzu hypothetischen Abhandlung dieses Themas gewarnt werden, da die Konsequenzen aus dererlei Betrachtungen tief in die klinische Routine eingreifen. Die Frage lautet doch eindeutig, ob Ihre Untersuchungen es einem Cardiochirurgen in Zukunft verbieten, Coronarperfusionsunterbrechungen über eine Zeitspanne von einer Stunde oder gar länger zu riskieren – selbst wenn bisher zahlreiche dazu ermutigende Beobachtungen vorliegen –, oder ob etwa einige wesentliche Determinanten Ihres Versuchsprotokolls den Vergleich mit klinischen Erfahrungen unmöglich machen.

Knoll: Ich möchte das nicht so wertend sehen, wie Sie es sagen. Da ich kein Chirurg bin, fühle ich mich nicht veranlaßt, spezielle chirurgische Indikationen zu erörtern. Jedoch unabhängig davon, ob ein Chirurg oder ein Physiologe ein Herz stillstellt, dürfte generell der von mir genannte Sachverhalt bestehen. Ich möchte erneut darauf hinweisen, daß die scheinbare Diskrepanz durch die unterschiedlich langen Erholungszeiten mit erklärt werden kann.

Kaczmarczyk: Haben Sie am normalen Myocard ohne Ischämie den pH-Wert gemessen und in welcher Größenordnung haben Sie ihn gefunden?

Knoll: Am normalen Myokard, d. h. am schlagenden Herzen, wollen wir den pH-Wert nicht messen; dies ist aus mehreren Gründen schwierig, vor allem weil durch die Bewegungen des Herzens nur ungenaue pH-Werte resultieren.

Reinhardt: Kann man mit der Einstichelektrode gewissermaßen das Myokard schichten?

Knoll: Das hängt von den verwandten Einstichelektroden ab. Unsere Elektroden der Firma Ingold haben einen Außendurchmesser von 3 mm und eine Einstichtiefe von rund 7 – 8 mm. Bei unseren Messungen im Myokard des linken Ventrikels ergab sich keine Abhängigkeit des pH-Wertes von der Einstichtiefe.

Schäfer: Ich habe zwei Fragen. Einmal, wie groß ist Ihre Streuung bei den angegebenen Werten, ich habe gesehen, Sie haben zum Teil ein n=3 und haben auf der zweiten Stelle hinter dem Komma den kritischen Wert angegeben.

Knoll: Man muß zwischen der biologischen und der methodischen Streuung unterscheiden. Unsere biologische Streuung liegt bei einer Größenordnung von 20–30%. Die methodische Streuung der pH-Messung, d. h. die Reproduzierbarkeit der Messung hat einen Variationskoeffizient unter 2%.

Schäfer: Das heißt ein kritischer Wert von 6,17 ist also mit relativ großer Vorsicht zu genießen?

Knoll: Der kritische Wert mit 6,17 wäre mit großer Vorsicht zu genießen, wenn wir ihn tatsächlich auf nur 3 Versuche beziehen würden. Die von uns ermittelten pH-Grenzwerte gehen auf weit größere Meßserien zurück, wie bereits *Lohr* mitgeteilt hat.

Schäfer: Zweite Frage, wie groß schätzen Sie in ihren Versuchen die extrazelluläre Pufferkapazität?

Knoll: In unseren Kardioplegie-Versuchen nach *Bretschneider* ist die extrazelluläre Pufferkapazität praktisch null, da dies *Bretschneider*-Lösung keinen Puffer enthält. Bei der Cardiopleginlösung ist eine geringe Pufferung durch das Aspartat gegeben. Beim ischämischen Stillstand dürfte die Pufferkapazität des intravasal liegenden Blutes eine Rolle spielen.

Intrazelluläres pH im Herzmuskel der Ratte nach Gaben von K-Mg-Aspartat

F. Saborowski und D. Lang

Die Bestimmung von Größen des extrazellulären Säure-Basen-Haushaltes ist heute zur Routine geworden. Inzwischen gewinnt die Kenntnis vom intrazellulären Säure-Basen-Haushalt immer mehr an Bedeutung. Für die Bestimmung des intrazellulären pH stehen direkte und indirekte Methoden zur Verfügung. Die direkte Methode wird mit feinsten Mikro-Elektroden, die in die Zellen eingestochen werden, ausgeführt. Unter den indirekten Verfahren benutzt man Farbindikatoren oder die Verteilung von schwachen Säuren oder Basen im intra- und extrazellulären Raum. Ist die undissoziierte Form der Säure oder Base in gleicher Konzentration auf beiden Seiten der Zellmembran vorhanden, kann das intrazelluläre pH aus dem extrazellulären pH und den extra- und intrazellulären Konzentrationen der Säure bzw. Base unter Anwendung der *Henderson-Hasselbalch*-Gleichung errechnet werden. Klinisch können nur die indirekten Verfahren benutzt werden.

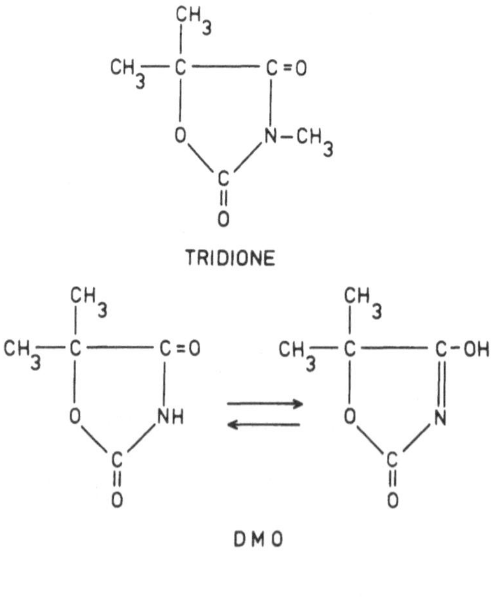

Abb. 1

Wir benutzen die schwache Säure DMO (Abb. 1), die ein Abbauprodukt des Antiepileptikum Tridione ist. Diese Methode wurde 1959 von *Waddell* und *Butler* angegeben. Da in der Literatur keine Messungen des intrazellulären pH nach Gaben von K-Mg-Aspartat bekannt sind, haben wir am ungeschädigten Rattenherzen in situ bei normoxischen Bedingungen unsere Experimente zur intrazellulären pH-Messung ausgeführt.

Die Versuche wurden an 27 männlichen Sprague-Dawley-Ratten durchgeführt. Die Tiere wurden mit 40 mg Nembutal pro kg Körpergewicht intraperitoneal narkotisiert, tracheotomiert, mit Succinylcholin relaxiert und mit Hilfe einer Starlingpumpe künstlich beatmet.

Außerdem wurde die Arteria carotis freigelegt und mit einem dünnen Teflonkatheter kanüliert; nach Laparotomie wurden die Nierenstiele bds. unterbunden. Jede Ratte erhielt 1 /uCi ^{14}C-DMO und 10 /uCi ^{3}H-Inulin wenigstens eine Stunde vor der Blut- bzw. Herzentnahme. 12 Ratten erhielten zusätzlich 0,33 mval K-Mg-Aspartat pro 100 g Körpergewicht intraperitoneal, die restlichen 15 Ratten dienten als Kontrollgruppe. Der arterielle CO_2-Druck wurde durch künstliche Beatmung mit 30% O_2 in N_2 nach einem Zufallsplan variiert. Die Einstellzeit für die verschiedenen CO_2-Stufen betrug ca. 30 Minuten. Zur Aufrechterhaltung der Körpertemperatur wurden die Versuchstiere mit einer Infrarotlampe intermittierend erwärmt.

Das Gesamtwasser des Herzmuskels wurde gravimetrisch und das extrazelluläre Wasser als Inulinraum bestimmt. Das intrazelluläre Wasser ergab sich aus der Differenz des Gesamt- und extrazellulären Wassers. Die arteriellen Blutproben wurden anaerob in heparinisierte Glaskapillaren aufgenommen. Die Messung von pH, pCO_2 und pO_2 verfolgte mit dem Mikroblutgasanalysator Gas Check AVL. Zum Zentrifugieren des Blutes wurde die Eppendorf-Zentrifuge mit den dazugehörigen kleinen Reaktionsgefäßen benutzt. Die doppelt markierten Plasma- und Gewebeproben wurden im Tri-Carb-Sample Oxidizer (Modell 305, Firma Packard) verbrannt und anschließend im Tri-Carb-Liquid-Scintillation Counter (Modell 3380/544, Firma Packard) gezählt. Bei der Berechnung des pHi legten wir die pK-Werte des DMO zugrunde, deren Temperaturabhängigkeit von *Albers* et al. 1971 bestimmt worden war.

In Bezug auf die Körpertemperatur bestand zwischen den beiden untersuchten Gruppen kein Unterschied, jedoch waren in der mit K-Mg-Aspartat behandelten Gruppe die Hb-Konzentrationen, der Hämatokrit und das Körpergewicht etwas niedriger als in der Kontrollgruppe.

Die zweite Abbildung zeigt die Beziehung zwischen dem arteriellen pH und dem Logarithmus des arteriellen CO_2-Druckes. Jedes Symbol stellt ein Versuchstier dar. Die geschlossenen Symbole mit der ausgezogenen mittleren Regressionsgeraden gehören zur Kontrollgruppe, die offenen Symbole mit der unterbrochenen mittleren Regressionsgeraden gehören zu der mit K-Mg-Aspartat behandelten Versuchsgruppe. Die Steilheit beider Regressionsgeraden ist ein wenig unter-

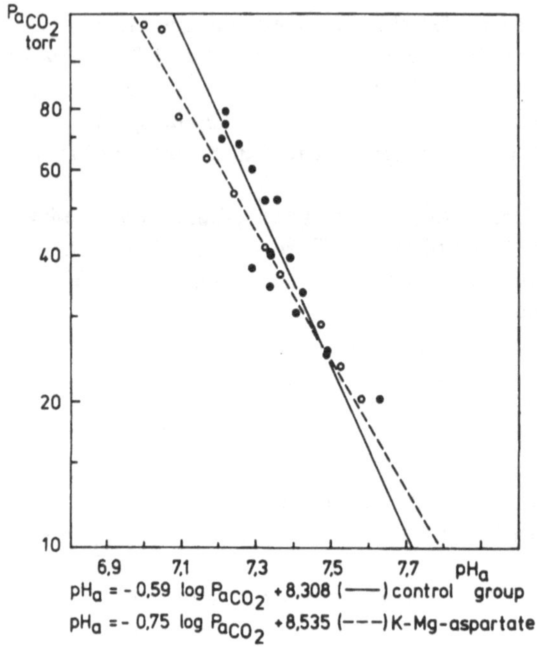

Abb. 2

schiedlich, zwischen beiden Untersuchungsgruppen besteht aber kein signifikanter Unterschied.

Die dritte Abbildung zeigt die Beziehung zwischen dem intrazellulären pH des Herzmuskels und dem Logarithmus des arteriellen CO_2-Druckes. Die geschlossenen Symbole gehören wiederum zur Kontrollserie und die offenen Symbole zur K-Mg-Aspartat-Serie. Deutlich zu erkennen ist der Effekt von K-Mg-Aspartat auf die sogenannte Astrup-Linie des intrazellulären Raumes. Bei einem arteriellen CO_2-Druck von 40 torr beträgt das pHi 6,95 bei den Kontrolltieren und 7,03 bei den mit K-Mg-Aspartat behandelten Tieren.

Die letzte Abbildung (4) zeigt die Beziehung zwischen dem arteriellen pH und dem intrazellulären pH des Herzmuskels. Auch auf dieser Abbildung ist der Einfluß von K-Mg-Aspartat deutlich zu erkennen. Bei einem arteriellen pH von 7,40 beträgt das intrazelluläre pH 6,98 in der Kontrollserie und 7,07 in der K-Mg-Aspartat-Serie. Hinweisen möchten wir außerdem auf die Tatsache, daß Änderungen des pH-Wertes im Intrazellulärraum stets kleiner sind als entsprechende Änderungen im Extrazellulärraum. Nach den Ergebnissen von *Waddell* und *Bates* bedeutet dies, daß die Pufferkapazität in der intrazellulären Flüssigkeit größer ist als in der extrazellulären Flüssigkeit.

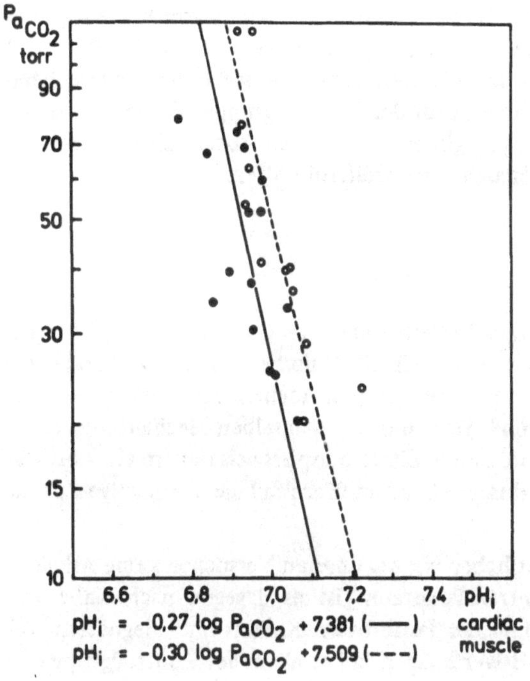
P_{aCO_2}
torr
90
70
50
30
15
10
6,6
6,8
7,0
7,2
7,4
pH_i
cardiac
muscle
pH_i = -0,27 log P_{aCO_2} + 7,381 (——)
pH_i = -0,30 log P_{aCO_2} + 7,509 (- - -)

Abb. 3

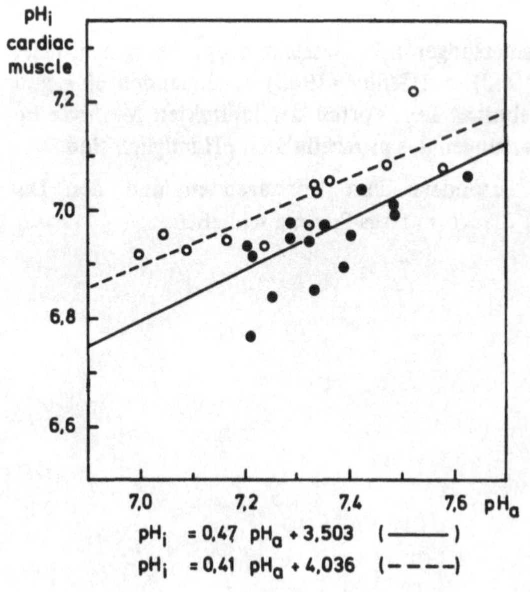
pH_i
cardiac
muscle
7,2
7,0
6,8
6,6
7,0
7,2
7,4
7,6
pH_a
pH_i = 0,47 pH_a + 3,503 (——)
pH_i = 0,41 pH_a + 4,036 (- - - -)

Abb. 4

Zusammenfassend zeigen unsere Befunde, daß nach Gaben von K-Mg-Aspartat die sogenannten intrazellulären Pufferbasen – hier die Kationen Kalium und Magnesium – zunehmen; die intrazellulären pH-Werte liegen dementsprechend um etwa 0,09 pH-Einheiten höher als in der Kontrollgruppe. Welche Rolle der glukoplastischen Aminosäure Asparaginsäure bei diesen Austauschvorgängen zukommt, bleibt durch diese Untersuchungen weiterhin offen.

Diskussion

Eckart: Wir haben im klinischen Bereich unter der Gabe von Kalium-Magnesium-Aspartat im Extrazellulärraum auch alkalotische Stoffwechseltendenzen beobachtet. Das würde also Ihren Messungen entsprechen. Meine Frage geht dahin, wie können Sie das erklären? Wäre das mit demselben Mechanismus zu erklären, der unter Massivinfusion durch Zitrat beispielsweise auftrat? Also die übermäßige Zufuhr der Asparaginsäure bzw. im Einzelfall die übermäßige Zufuhr der Zitronensäure?

Saborowski: Im arteriellen Blut haben wir bei unseren Versuchen keine Alkalose nachweisen können. – Im Intrazellulärraum ist es dagegen nach Gabe von K-Mg-Aspartat zu einer Zunahme der Pufferbasen Kalium und Magnesium gekommen. Die intrazellulären pH-Werte lagen höher als in der Kontrollgruppe. – Vergleichsuntersuchungen mit KCl stehen noch aus.

Reinhardt: Wie zuverlässig ist das Verfahren? Gibt es Vergleichsuntersuchungen?

Saborowski: Es gibt Vergleichsmessungen mit Glaselektroden, die man intrazellulär eingeführt hat. *Robin* (1963) und *Miller* (1963) et al. fanden eine gute Übereinstimmung der Meßergebnisse. Der Vorteil der indirekten Methode besteht darin, daß auch in vivo Messungen des intrazellulären pH möglich sind.

Reinhardt: Ich danke ganz besonders dem Vortragenden und den Diskussionsrednern und darf damit die Vormittags-Sitzung schließen.

Klinische Referate

(Vorsitz: *J. Eckart*)

Über die Bedeutung der Metallchelate in der Psycho-Geriatrie

C.J.M. v. Tiggelen

Das zunehmende Interesse in der Psychotherapie hat viele Theorien hervorgebracht, die den Prozeß der Demenz erklären sollen. In unserer Klinik haben wir die Arbeitshypothese, daß die psychogeriatrische Psychopathologie und -symptomatologie durch die prämorbide Persönlichkeitsstruktur festgesetzt wird, die unter entsprechenden Voraussetzungen während des ganzen Lebens in neurotischem Sinne gestört ist.
Durch luxierende Faktoren wird im Senium die gestörte Persönlichkeit zur Dekompensation gezwungen, mit der Folge, daß eine senile Neurose oder eine senile Psychose aufblüht und manchesmal zu dem endgültigen Resultat führt, das sich als manifeste D e m e n z objektiviert.
Diese luxierenden, auslösenden Elemente sind häufig soziale Faktoren und dem sozialen Alterungsprozeß dieser Persönlichkeit inhärent. Oft aber können auch physische Krankheiten im Senium diese luxierenden Faktoren sein. Sie führen zum Bild der Pseudodemenz, die, wenn sie nicht zur Behandlung kommt, in eine echte Demenz einmündet. In Wirklichkeit gibt es natürlich keine Pseudodemenz, sondern nur eine exogene Psychose im Senium.
In unserer Klinik konnten wir beobachten, daß nicht selten ein Vitaminmangel, meistens ein Vitamin aus der B-Gruppe, zu einer exogenen Psychose unter dem Bild eines akut deliranten Syndroms führen kann. Durch Resorptionsprüfungen ist es erwiesen, daß im Senium die Resorptionsfähigkeit oft verringert ist.
In Stichworten zusammengefaßt, hat diese verminderte Resorptionsfähigkeit verschiedene Ursachen:

a) Intestinale Störungen:
Gastritis –
Enteritis regionalis –
Carcinome –
Colitis – Divertikulosis

b) Anatomische oder iatrogene Eingriffe:
Gastrektomie –
Operationen am Jejunum – am Colon – Anus praeter nat. –
Colostomie.

c) Psychische Faktoren:
Depression im Senium

d) Medikamentöse Faktoren:
   Darmdepressionen durch Pharmaka,
   lokale Einflüsse von Medikamenten.
e) Dekompensation cordis:
   wobei durch lokale Blutstauung die Resorption schwer gestört sein kann.

Daneben entsteht durch unbekannte Ursachen eine gestörte Resorption, wobei möglicherweise der Mangel an Vitaminen und Spurenelementen eine funktionelle Rolle spielt.

Nachdem wir festgestellt hatten, daß manches ungeklärte Bild aus der Psychogeriatrie z. T. oder vollständig auf Vitaminmangel zurückzuführen ist, haben wir uns auch die Frage vorgelegt, ob vielleicht auch der Mangel an Spurenelementen eine Ursache für die exogene, delirante Psychose im Senium sein könnte.

Unser Interesse für Inzelloval, das ist die orale Zubereitung des Ihnen allen bekannten Inzolen, ist durch die Untersuchungsergebnisse von *M. Heinitz* angeregt worden, die er auf dem Kongreß der Deutschen Geriatrischen Gesellschaft in Nürnberg 1971 vorgetragen hat.

Zur ersten Orientierung über Inzelloval haben wir einen Versuch bei 8 alten Personen gemacht, die mit den Syndromen einer akut entstandenen Demenz zur stationären Behandlung kamen und die außerdem einen manifesten, insulinpflichtigen Diabetes hatten.

Von diesen 8 Patienten sahen wir bei 5 Patienten unter dem Einfluß unserer therapeutischen Maßnahmen mit der Inzelloval-Medikation eine deutliche Verbesserung der Krankheitsbilder. Die psychische Kondition erreichte das Stadium der Aufhellung, der Insulinbedarf ging zurück. Natürlich war es klar, daß die Verbesserung multikausal war, denn durch die stationöre Aufnahme in die psychogeriatrische Klinik wurden viele der ursächlichen Faktoren beseitigt und neutralisiert, z. B. die auslösenden sozialen und psychischen Faktoren. Der therapeutische Effekt von Inzelloval war also unter diesem Aspekt nicht richtig zu deuten, deshalb haben wir uns die Frage vorgelegt, ob vielleicht auch eine therapeutische Wirkung von Inzelloval bei den chronischen psychogeriatrischen Patienten zu sehen ist, die bereits länger als drei Monate hospitalisiert waren und die sich in einem optimalen physischen und sozialen Zustande befanden.

Wir haben deshalb einen Doppelblindversuch mit 30 chronischen Patienten gemacht, die eine Demenz unter der Form eines anamnestisch dementiellen Syndroms zeigten, oft begleitet mit Aphasie, Apraxie und Alexie.

Das Durchschnittsalter lag bei 78 Jahren; 21 Frauen, 9 Männer. Die Patienten waren konsolidiert, das heißt, es waren keine Veränderungen zu erwarten, weder in sozialen Relationen, noch durch medikamentöse Art.

Die Dauer der Doppelblindprobe erstreckte sich über 3 Monate. Täglich wurden Blutdruck und Puls kontrolliert. Wöchentlich kontrolliert wurden: Elektrolyte (Na, K, Cl), Hämoglobin, Gesamtprotein, Proteinspektrum und Blutglucose, nüchtern um 10 Uhr und um 14 Uhr. Monatlich kontrolliert wurden Gewicht,

EKG und EEG. Daneben wurde durch Ärzte und Pflegepersonal monatlich eine psychosoziale Frageliste überprüft, d. h. eine modifizierte „Stockton Geriatric Rating Scale SGRS", mit der 6 Qualitäten des Patienten verzeichnet wurden: Hilfsbedürftigkeit, Aggressivität, psychische Invalidität, Depressivität, physische Invalidität und Inaktivität.

In diesen drei Monaten hat sich die Zahl der Patienten um zwei Patienten vermindert. Eine Patientin starb an einem akuten Herzinfarkt: sie kam aus der Inzelloval-Gruppe. Eine Patientin wurde aus der Versuchsreihe genommen durch das Auftreten eines cerebrovasculären Insultes: sie kam aus der Placebo-Gruppe. Die Inzelloval-Gruppe zählte 14 Patienten: 9 Frauen und 5 Männer. Die Placebo-Gruppe zählte ebenfalls 14 Patienten: 10 Frauen und 4 Männer. Es zeigte sich, daß nach einer dreimonatigen Behandlung mit 3 Inzelloval-Dragees täglich kein Einfluß der Inzelloval-Medikation weder auf die Blutchemie noch auf den cardiovasculären Apparat noch auf das EEG festzustellen war. Auch eine statistische Analyse der „Stockton Geriatric Rating Scale" zeigte keine Differenz zwischen Inzelloval und Placebo. Die Schlußfolgerung war einfach: Inzelloval übt auf chronisch psychogeriatrische Patienten mit optimalen sozialen und somatischen Konditionen einen restaurativen Effekt nicht aus.

Das negative Resultat des Doppelblindversuches war erstaunlich, um so mehr, als es für uns eine feststehende Kenntnis ist, daß Vitaminmangel im Senium auftreten kann. Doch ist aus diesem Versuch nicht klar hervorgegangen, ob möglicherweise auch ein Spurenelementmangel auftreten kann und an dem Syndrom der Demenz beteiligt ist.

Wir haben uns daher die Frage vorgelegt, ob vielleicht ebenso wie beim Vitaminmangel nur eine akut auftretende, exogene Psychose im deliranten Sinn durch Spurenelementmangel geweckt wird. Deshalb haben wir zunächst 5 Patienten, die alle mit einer akuten deliranten Exacerbation ihrer leichten Demenz unsere Poliklinik besuchten, weiter geprüft.

Dabei hat es sich gezeigt, daß diese 5 Patienten ein Malabsorptions-Syndrom hatten, von uns nicht bekanntem Ursprung. Diese Resorptionsstörung konnte durch den D-Xylose-Resorptionstest bestätigt werden. Die Patienten hatten keinen biochemisch oder klinisch nachweisbaren Vitaminmangel. In einem orientierenden Versuch haben wir diese 5 Patienten mit 3 mal täglich 1 Dragee Inzelloval behandelt.

Bei dieser Gruppe konnten wir schon nach 3 Wochen eine deutliche Verbesserung des klinischen Zustandes feststellen. Als noch erstaunlicheres Resultat ergab sich aber eine normalisierte Darmresorption, die wir quantitativ durch eine D-Xylose-Resorptionsprobe nachweisen konnten.

Wir ziehen daraus die Folgerung, daß in dieser Hinsicht weitere Untersuchungen vorzunehmen sind. Vor allem erscheint es als erforderlich, den Einfluß von einzelnen Spurenelementen in Form ihrer asparaginsauren Chelate auf die Resorption im Senium zu prüfen.

Unserer Meinung nach wird das ein kleiner Beitrag sein, um der Psychogeriatrie, mehr als dies heutzutage der Fall ist, ein biochemisches Fundament zu geben, damit die Demenz vielleicht weniger fatalistisch und weniger therapieresistent gesehen werden kann.

Literatur beim Verfasser.

Diskussion

Reinhardt: Gibt es Anhaltspunkte dafür, daß im Alter das Magnesium im Liquor herabgesetzt ist oder sich anders verhält als bei jungen Patienten?

Tiggelen: Soweit ich informiert bin, werden entsprechende Untersuchungen von Herrn Prof. *van Brach* in Groningen, Holland, im Zusammenhang mit Untersuchungen über Larodopa und Dopaminspiegel im Liquor durchgeführt. Es scheint so zu sein, daß die Krampfbereitschaft, Demenz und ähnliche Syndrome mit einer verminderten Magnesiumkonzentration etwas zu tun haben.

Eckart: Haben Sie versucht, den Resorptionsmechanismus zu umgehen, in dem Sie die Spurenelemente parenteral gegeben haben, um zu sehen, ob dann die Wirkung eintritt, die Sie erwarten?

Tiggelen: Nein, das konnten wir leider noch nicht versuchen.

Jacobi: Gab es einen Grund, warum Sie dreimal eine Tablette applizierten, oder haben Sie auch höhere Konzentrationen verwandt?

Tiggelen: Wir Holländer sind sehr vorsichtig und applizierten daher zunächst nur dreimal ein Dragee.

Eckart: Können wir erfahren, wieviel Kalium und wieviel Magnesium in einem Dragee enthalten sind?

Köhler: In einem Dragee sind 100 mg Kalium- und 100 mg Magnesium-Aspartat enthalten; das entspricht je Dragee und je Kation 0,55 mval. Bei den Spurenelementen sind es 0,05 mval Kupfer, Mangan und Kobalt sowie 0,06 mval Zink.

Eckart: Ist es vorstellbar, daß die Zufuhr von je 1,5 mval Kalium und Magnesium überhaupt einen Einfluß hat, oder sollte man einen solchen nicht von vornherein ausschalten und überhaupt nur noch von den Spurenelementen reden, die im Inzelloval (R) enthalten sind?

Tiggelen: Ich bin der Meinung, daß die Spurenelemente eine große Bedeutung haben. Bei Untersuchungen mit Vitaminen konnte gezeigt werden, daß Zink und Kobalt hinsichtlich der enteralen Resorption sehr wichtig sind.

Der intra- und postoperative Metabolismus des Magnesiums

J. Eschner, L. Fodor und F.W. Ahnefeld

Das Magnesiumion rechnet als essentielles Mineral in die Reihe der Bioelemente, die im Hinblick auf Verteilung im Intra- und Extrazellulärraum sowie multifaktorieller Aktivität eine Sonderstellung zwischen den Standardelektrolyten Natrium, Kalium und Calcium sowie den eigentlichen Spurenelementen einnehmen [2, 3, 4, 5, 6]. Als Bioelement ist neben dem Magnesium das Zink zu charakterisieren.

Der Mindestbedarf des Organismus an Magnesium wurde bei enteraler Aufnahme auf 20 – 50 mval/die beziffert, was einer Quote von 0,2 – 0,5 mval kg KG/die entspricht [8, 15].

Resorption, Metabolismus und Exkretion dürfen bei gesunden Probanden sowie Erkrankungen aus dem Bereich der Inneren Medizin als hinreichend abgeklärt gelten [8, 9, 10]. Wenig Informationen liegen jedoch über den Metabolismus in der intra- sowie postoperativen Phase vor, wenn von Berichten über die Anwendung des hochkonzentriert Magnesium enthaltenden Infusionsgemisches Inzellon^R [1] abgesehen wird [1, 11, 12, 13]. Bereits früher wiesen wir darauf hin, daß diese Erfahrungsberichte mit erheblicher Kritik gesehen werden müssen [2, 3, 4], da eine breitgefächerte Palette von Standardelektrolyten, Bioelementen und Spurenelementen magnesiumspezifische Effekte verdecken können.

Ungeklärt ist weiter die Frage, inwieweit körpereigene Magnesiumpools, die sich im Skelet, der Leber, dem ZNS, der Muskulatur sowie der Schilddrüse finden, akut auftretende oder bei langwährender parenteraler magnesiumfreier Ernährung bedingte Defizite abzudecken vermögen. Diese Frage gewinnt an Bedeutung, wenn in Betracht gezogen wird, daß in Form des Inzellons eine erheblich überbilanzierte, im Vergleich zu anderen auf den postoperativen Bedarf abgestimmten Infusionsgemischen eine erheblich unterbilanzierte Lösung angeboten wird.

Reine Magnesiumkonzentrate stehen nicht zur Verfügung, das HK 50^R verbietet sich aus unserer Sicht, da hier Magnesium hochkonzentriert in einem unphysiologischen 1:1 Verhältnis zum Kalium vorliegt.

Die funktionelle Bedeutung des Magnesiums sei an dieser Stelle gerafft dargestellt: Katalysiert werden eine Reihe von Kinasen und Mutasen, weiterhin die Bildung von Polyphosphaten, die Energieversorgung des Muskels, Peptidasen,

[1] Zusammensetzung: K^+ 29 mval/l, Mg^+ 24 mval/l, Cu^{++} 0,12 mval/l, Zn^{++} 0,07 mval/l, Mn^{++} 0.04 mval/l, Co^{++} 0,04 mval/l, Na^+ 25,60 mval/l, Hersteller: Köhler Chemie

Harnstoffbildung sowie die Isocytratdehydrogenase und Pyruvatkinase [8]. Weiter muß das natrium-kaliumabhängige magnesiumgesteuerte Adenosintriphosphathydrolasesystem erwähnt werden, das wahrscheinlich den Transport von Elektrolyten und Metaboliten entgegen einem Konzentrationsgefälle durch die Zellwand maßgeblich beeinflußt [14].
Diese Vielzahl von Funktionen und verschiedenartigen Angriffspunkten unterstreicht die Wichtigkeit des Magnesiums in den Phasen der Reparation, Restitution und Regeneration.

Material und Methoden

Bei Patientinnen einer geburtshilflich-gynäkologischen Wachstation wurde über zwei Jahre hinweg das Serummagnesium sowie die exkretierte Menge im 24h-Urin bestimmt. Diese Untersuchungen erstreckten sich auf die prae-, intra- und postoperative Phase. Intraoperativ wurden ausgehend von einem Leerwert Blut und Urin in einem Abstand von 15' gewonnen. Die postoperative Verlaufskontrolle erfolgte über drei Tage hinweg. Langzeitbeobachtungen wurden an Patienten unserer Intensivtherapieeinheit angestellt, wobei wir polytraumatisierte, maschinell beatmete Patienten auswählten.
Blut und Urin wurden mit Titriplex zur Analyse aufgearbeitet. Die Bestimmung der aktuellen Werte erfolgte durch Atomabsorptionsphotometrie (AAS SP 90 Leitz Unicam). Die Standardelektrolyte wurden durch Emissionsphotometrie bestimmt.

Normwert

Serumkonzentrationen sowie Exkretionsraten zeigen regionale Schwankungen [15]. An 80 gesunden Probanden bestimmten wir unseren Standard. Der vermittels AAS gewonnene Wert liegt bei 1,86 ± 0,09 mval.

Statistik

Wir verzichteten unter unserer Fragestellung auf eine Randomisierung. Routinemäßig wurden Standardabweichung, mittlere Schwankung sowie $\overline{sx}$ bestimmt. Signifikanzen wurden nach der *Wilcoxon*-Methode für zwei Stichproben ermittelt, wobei, falls nicht gesondert vermerkt, von einem p kleiner als 0,001 ausgegangen wurde.

Ergebnisse

In Abb. 1 wird das Serummagnesium sowie der Natrium-Kaliumfaktor gegen die Zeit aufgetragen. Das Operationsmaterial umfaßte abdominale Totalexstirpationen sowie Operationen nach Wertheim. Volumenverluste wurden ausschließlich durch Humanalbumin 5% ausgeglichen, Wasser und Elektrolyte in Form von HL5 zugeführt. Über die gesamte Operationsdauer erhielt der Patient somit maximal 7,5 mval Mg^{++} in Form eines anorganischen Salzes. Der Serumspiegel steigt – ausgehend von einem subnormalen Wert – innerhalb 15‘ in den Normbereich an, wo er bis auf eine einmalige, mit dem Absinken des Natrium-Kaliumfaktors synchrone Abwärtsbewegung mit nachfolgender Erholung verbleibt. Der sofortige Anstieg des Serumspiegels ist gegenüber dem Leerwert in gleicher Weise statistisch signifikant, wie die Erhöhung des Endwertes gegenüber dem Leerwert. In Abb. 2 ist eine Hypomagnesiaemie mit einer relativen Hypercalciaemie kombiniert als Einzelfall dargestellt. Eine Erholung des Serummagnesiumspiegels in den Normbereich hinein bleibt bei einem pathologischen unter 1,5 liegenden Natrium-Kaliumfaktor aus. Die Exkretionsraten für Magnesium sind subnormal, für Calcium überschießend.

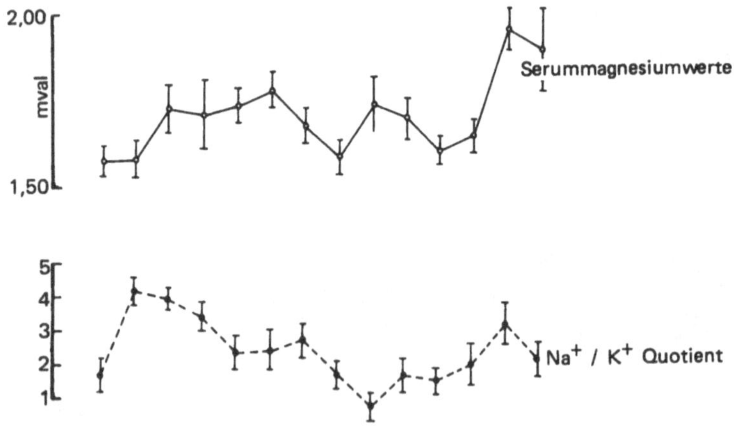

Abb. 1 Serummagnesiumverläufe in Abhängigkeit vom Na^+/K^+ Faktor bei abdominalen TE's und Op nach Wertheim. Alle Werte intraoperativ.
Zeitabstand o—o jeweils 15 Minuten
N = 40
Op-Dauer: 205'
Maximale intraoperative Mg^{++}-Zufuhr durch parenterale Applikation von Halbelektrolytlösungen: 7,5 mval, d.h. 2,5 mval per 1000 ml

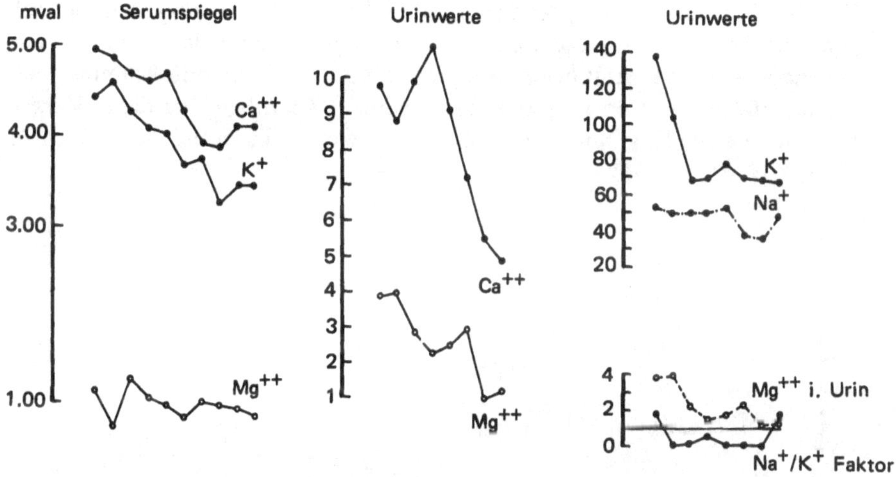

Abb. 2 Mg^{++} im Serum und Urin in Abhängigkeit vom Na^{+}/K^{+} Faktor mit gleichzeitiger Darstellung von Na^{+}, K^{+} und Ca^{+++}
Fall: Nr. M 310871 OA
Dauer der Op: 135 Minuten
Art der Op: Abdominale Totalexstirpation

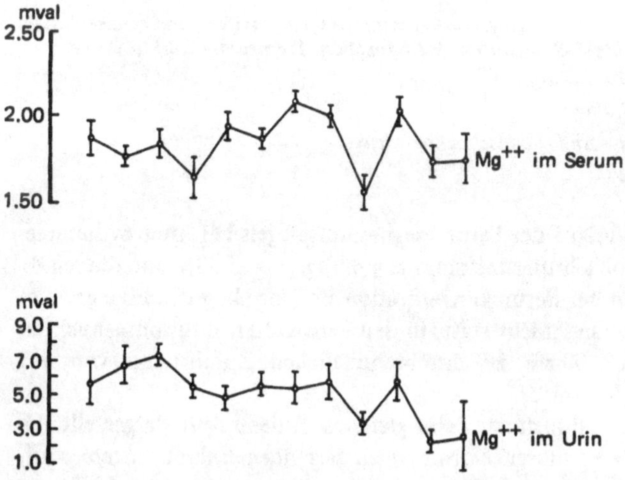

Abb. 3 Mg^{++} im Serum und Urin bei Patienten, denen 500 mg Aldadiene K prae- und weitere 500 mg Aldadiene K intraoperativ per infusionem appliziert wurde.
N = 20
Op: nach Wertheim
Op-Dauer: 165 Minuten

Die stabilisierende Wirkung des Canrenoate-K[2] auf den Serummagnesiumspiegel geht aus Abb. 3 hervor. Die Exkretionsraten verbleiben im Normbereich. Canrenoate-K wurde per infusionem so appliziert, daß 500 mg unmittelbar prae- und weitere 500 mg intraoperativ infundiert wurden. Wir haben über dieses Vorgehen, die Begründung und Dosierung an anderer Stelle ausführlich berichtet [2, 3, 4, 5, 6].

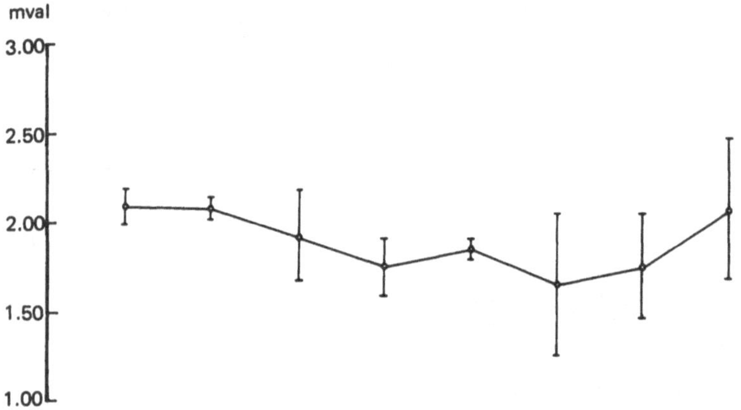

Abb. 4 Langzeitbeobachtung des Magnesiumserumspiegels bei totaler parenteraler Ernährung ohne gezielte Mg^{++}-Substitution (kein Inzellon, Tromcardin o.ä.)

max. Mg^{++}/die durch Infusion: 12,5 mval
durchschnittlich: 7,5 mval

16 Beatmungs- und 4 Endotoxinschockpatienten

Abstand o—o 24^h

Die Abb. 4 zeigt den Verlauf des Serummagnesiumspiegels bei Intensivtherapiepatienten für einen Beobachtungszeitraum von 8 Tagen. Auffällig sind die relativ geringen Schwankungen der Serumkonzentration im Normbereich. Eine gezielte Magnesiumsubstitution fand nicht statt, in den verwandten Infusionsgemischen enthaltenes Magnesium führte zu durchschnittlichen Zufuhrraten von 7,5 mval/24^h, maximal 12,5 mval/24^h.
In Abb. 5 sind die Exkretionsraten beim gleichen Patientengut dargestellt. Es fällt auf, daß bei der im unteren Normbereich liegenden Exkretionsrate statistisch signifikante Schwankungen ebensowenig wie in Abb. 4 zur Beobachtung gelangen.

[2] Aldactone pro Infusione, Hersteller: Boehringer, Mannheim

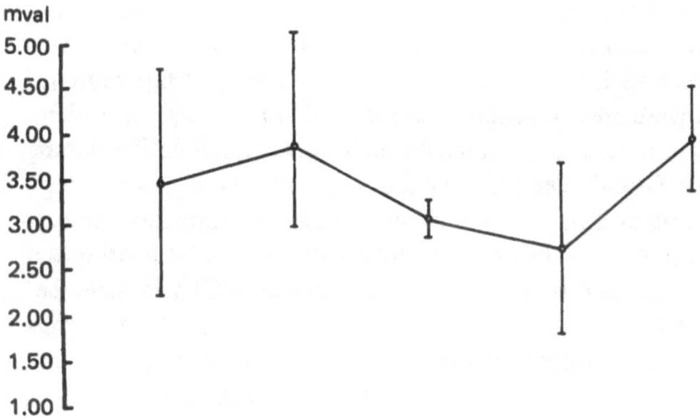

Abb. 5 Ausscheidungsrate Mg^{++} im Urin bei 16 Beatmungs- und 4 Endotoxinschockpatienten

N = 20ä

Dauer: 5 Tage

Keine gezielte Mg^{++}-Substitution, max. Mg^{++}-Zufuhr 12,5 mval, durchschnittlich 7,5 mval

Diskussion

In diesem hier vorgelegten Material wurden nur Gruppen zusammengefaßt, die als homogenes Krankengut aufzufassen sind: Insgesamt haben wir innerhalb von 2 Jahren Magnesiumbilanzuntersuchungen an insgesamt 880 Patienten durchgeführt. Die Zufuhrraten waren hierbei so unterschiedlich wie hier dargestellt. Alle Untersuchungen lassen das gleiche, hier an einigen Gruppen dargestellte Ergebnis erkennen. Aus diesem Grund verzichten wir darauf, weitere Ergebnisse in dieser Arbeit aufzunehmen. Teilergebnisse wurden außerdem an anderer Stelle bereits dargestellt [2, 3, 4, 5, 6].

Zur Diskussion und Interpretation der Ergebnisse muß einleitend außerdem festgestellt werden, daß Durchschnittswerte der Coloriometrie, Emissionsphotometrie sowie Atomabsorptionsphotometrie beträchtliche Abweichungen voneinander aufweisen können. Dazu kommen – wie bereits erwähnt – regionale durch Eß- und Cerealienanbaumethoden bedingte nicht unbeträchtliche Schwankungen des Standards [15]. Bei kritischer Analyse von Befunden verschiedener Autoren sollte diese Voraussetzung Beachtung finden. Entscheidend sind bei dem Vergleich der Werte unterschiedlicher Autoren nicht Einzelwerte, sondern die Relation und die Tendenz der nachgewiesenen Veränderungen.

Auf die vielseitige katalytische Funktion des Magnesiumions wurde eingangs hingewiesen. Limitierend greift darüber hinaus das Magnesium als freies Ion in den

Calciumstoffwechsel ein. Freies ionisiertes Calcium steht in einem steady state zur biologisch inaktiven Form des Calciumproteinates. Durch im Übermaß vorhandenes freies, biologisch aktives Magnesium kann dieses Fließgleichgewicht auf die Seite des Calciumproteinates verschoben werden [8]. Ein Mangel an freiem, biologisch aktivem Calcium verursacht eine verminderte Acetylcholinliberierung an den Endplatten, ein Grund, der uns zweifeln läßt, inwieweit hochdosierte Magnesiumgaben, die darüber hinaus in unphysiologischer Relation zum Kalium stehen, sinnvoll sein können. Als Folge einer unkontrollierten und überhöhten Magnesiumgabe ist die Adynamie zu nennen, der sich vereinzelt Gynäkologen bei der Gestose therapeutisch bedienen. Über den oben genannten Mechanismus kann jedoch auch ein Ileus induziert werden. Diese hypothetische Vorstellung hat uns zu weiteren noch nicht abgeschlossenen Untersuchungen veranlaßt.
Den dargestellten Antagonismus zwischen Calcium und Magnesium demonstriert die Abb. 2. Generell können wir jedoch aus unseren Ergebnissen folgern, daß isolierte Hypomagnesiaemien im operativen Bereich die Ausnahme darstellen, generalisierte Hyper- oder Hypoelektrolytaemien jedoch die Regel bei Störungen des Magnesiummetabolismus sind.
Von Wichtigkeit ist jedoch unsere Beobachtung, daß exogen oder endogen bedingte Magnesiumverluste durch gepooltes Magnesium ausgeglichen werden. Es kommt dabei zweifelsfrei zu einer sukzessiven Depletierung. In den von uns beobachteten Zeiträumen konnten wir jedoch keine magnesiumspezifischen Ausfallserscheinungen oder auch nur ein Absinken der Serumwerte in kritische Bereiche beobachten.
Die Forderung, bei Hypomagneieaemien generell Magnesium enteral oder parenteral zuzuführen, [1, 8, 10, 11, 12, 13] müssen wir auf Grund eigener Ergebnisse und aufbauend auf Erfahrungen anderer Autoren [16] in Frage stellen. Wie im folgenden dargestellt wird, erscheint es unzweckmäßig, das Symptom Hypomagnesieaemie zu therapieren, solange durch eine causale Therapie verursachende Faktoren ausgeschaltet werden können. So konnte gezeigt werden, daß sich Hypomagnesieaemien, die durch myocardiale Insuffizienzen bedingt waren, endogen und ohne Zufuhr von Magnesium bei einer Therapie der Grundkrankheit durch Glykoside und Furoseamide ausglichen [16]. Dieser Befund scheint uns in Verbindung mit eigenen Ergebnissen von großer Wichtigkeit zu sein. Wir konnten zeigen, daß beim Vorliegen eines symptomatischen sekundären Hyperaldosteronismus eine überschießende Magnesiumexkretion verbunden mit einem Absinken des Magnesiumserumspiegels zu beobachten war [2, 4]. Auf dieser Tatsache basiert der stabilisierende Effekt des Canrenoate-K nicht nur für Magnesium, sondern auch für das Standardelektrolyt Kalium sowie das Bioelement Zink, wie wir wiederholt beobachtet und beschrieben haben [2, 3, 4, 5, 6].
Echte Magnesiumdepletierungen, die nur auf Grund sorgfältiger und wiederholter Analysen des Serum- und Urinspiegels (24^h Sammelurin) konstatiert werden können, müssen zweifelsfrei ausgeglichen werden. Inwieweit organischen oder

anorganischen Magnesiumsalzen der Vorzug zu geben ist, bleibt abzuklären. Eigene Studien zu dieser Frage zeigten eine Überlegenheit des Magnesiumchlorides gegenüber dem Magnesium-Aspartat [3]. Unsere Schlußfolgerung wird durch Befunde erhärtet, die Ergebnisse über das zelluläre Uptake von organischen und anorganischen Kaliumsalzen an kaliumverarmten Ratten enthalten. Kaliumchlorid wurde auch hier besser resorbiert als Kalium-Aspartat [7]. Der den Aspartaten nachgesagte Schleppermechanismus [10, 11, 12, 13] bleibt demzufolge weiter zu beweisen. Die in der Literatur wiedergegebenen Erfolge mit aspartathaltigen Infusionslösungen könnten auf den Gehalt an Bio- und Spurenelementen zurückzuführen sein [2, 3, 4]. Sie sind, diesen Schluß dürfen wir heute ziehen, nicht durch das Überangebot an Magnesium oder die Aspartatform bedingt. Unsere Untersuchungen zeigen, daß ein Zusatz von 5 mval/l an Magnesium ausreichen, um einer Depletierung unter operativer Belastung vorzubeugen. Magnesiumspezifische Krankheitsbilder, denen wir in der prae-, intra- und postoperativen Phase begegnen (Spasmophilie, Digitalisintoxikation) lassen sich nicht sicher von kaliumspezifischen pathologischen Zuständen abgrenzen. Dennoch lassen sie die Forderung nach einem reinen Magnesiumkonzentrat aufkommen, ähnlich den im Handel befindlichen Natrium- und Kaliumkonzentraten. Das derzeit einzige im Handel befindliche Konzentrat (HK 50) können wir auf Grund seines Mischungsverhältnisses zum Kalium (1:1) aus den oben geschilderten Gründen nicht als ausreichend ansehen.

Frl. Böhm und Frl. Leuffert sei an dieser Stelle für sorgfältige technische Assistenz gedankt. Herrn Quast gilt unser Dank für die Verfertigung der Zeichnungen.

Angegebene Literatur (1 – 16) beim Verfasser!

Diskussion

Kaczmarczyk: Man muß doch wohl davon ausgehen, daß das Magnesium nicht so sorgfältig bilanziert wird wie beispielsweise das Natrium, so daß es schon im Normalzustand zu erheblichen Schwankungen der Magnesiumexkretion kommt. Unglücklicherweise werden nun auch noch etwa 70–80% des Magnesiums im Stuhl ausgeschieden und nur 20–30% im Urin, und das läßt natürlich die Urin-Magnesium-Konzentrationsbestimmung als problematisch erscheinen.

Eschner: Das ist völlig klar. Aber ich bin hiervon eigentlich ausgegangen, daß ich mir eine Serie gegriffen habe von Leuten, die nicht gezielt substituiert worden sind. Mich interessierte eigentlich nur: Was passiert, wenn hier nun keine gezielte Substitution stattfindet? Und es hätte sich doch eigentlich ein Spareffekt dann im Urin zeigen müssen – auch über längere Zeit hinweg. Die Ergebnisse bleiben im Grunde dabei, daß es doch immer so zwischen 3, 5 und 4 mval im 24-Stunden-Urin sind. Nun ist es ja auch weitgehend so, daß z. B. auch die Ausscheidung durch den Stuhl bzw. bei Intensivpatienten nicht immer unbedingt in diesem Maße stattfindet oder aber auch überschießend z. B. durch Diuretika. Ich glaube, daß das zumindest in den ersten 3, 4 Tagen zu vernachlässigen ist und erst dann anfängt, eine Rolle zu spielen.

Reinhardt: Ich hatte so ein bißchen Verständnisschwierigkeiten, denn Sie hatten an allen Achsen dranstehen „mval". Einmal war ja wohl Konzentration und einmal war eine Menge gemeint. Vielleicht wird das also das Verständnis erhöhen, wenn man an die Achsen, an die Ordinaten, die richtigen Dimensionen dranschreibt.

Eschner: Ja, Sie haben recht, ich hätte das umrechnen sollen, das wäre zweifelsohne sehr viel eindrucksvoller gewesen, das so darzustellen.

Eckart: Soweit mir bekannt ist, gibt es bei Langzeit-parenteraler-Ernährung bisher nur wenige Untersuchungen über den Magnesiumspiegel. Ich glaube, daß *Coats* und *Maynard* die ersten waren, die entsprechende Untersuchungen durchgeführt haben. Sie haben beobachtet, daß bei parenteraler Zufuhr synthetischer Aminosäurelösungen mit 4 mval Mg pro Liter schon nach wenigen Tagen ein Abfall der Serum-Magnesium-Konzentration auftrat, während bei einer Zufuhr von 5 mval Mg pro Liter kein Abfall der Serum-Konzentration nachweisbar war. Über welchen Zeitraum haben Sie Ihre Untersuchungen ausgedehnt?

Eschner: Der hier mitgeteilte liegt bei 7 Tagen. Wir haben mittlerweile, das habe ich hier nicht mehr mit einbauen können, weil statistisch die Ausfertigung noch nicht völlig abgeschlossen ist, auch Zeiträume von 24 bis 28 Tagen überblicken können, und es passiert in diesem Zeitraum auch noch nichts in dieser Richtung hin.

Eckart: Um etwas über den Natrium-Kalium-Quotienten im Urin aussagen zu können, müßten wir etwas über die Natriumzufuhr wissen.

Eschner: Das kann ich Ihnen sagen. Es ist bei diesen Operationen – zumindest was den intraoperativen Verlauf anging – so verfahren worden, daß die Patienten während und über die Operation hinweg standardisiert auf der einen Seite nur Plasmaexpander hatten, kein Blut, kein Humanalbumin oder ähnliches, und auf der anderen Seite wurde ihnen nur Tutofusio HL 5 zugeführt, so daß die Natriumzufuhr relativ ausreichend gewesen sein dürfte.

Eckart: Wenn Sie intraoperativ ausreichend Natrium zugeführt haben, präoperativ kein Natriummangel bestand und während des Eingriffes auftretende Volumenverluste voll substituiert wurden, dann finde ich es erstaunlich, daß der Natrium-Kalium-Quotient schon intraoperativ, d. h. sehr frühzeitig, eine Umkehr zeigte.

Eschner: Dazu kann ich Ihnen aus einer anderen, zur Zeit noch nicht veröffentlichten Studie sagen, daß das im Grunde gar nicht so selten ist. Es ist nicht unbedingt das Bild, daß der Natrium-Kalium-Faktor, hier ein Einzelfall, so niedrig bleibt. Das sind die Ausnahmen, aber passagere intraoperative Umkehrungen des Natrium-Kalium-Faktors kann man immer wieder beobachten, und sie sind fast die Regel, zumindest bei dem Patientengut, das wir hier gesehen haben.

Eckart: Eine Frage noch zur Therapie mit Aldadiene-Kalium. Wann haben Sie es präoperativ gegeben? Wieviel haben Sie prä- und wieviel intraoperativ verabreicht? Bekannt ist, daß nach Verabfolgung der genannten Substanzen eine gewisse Zeit vergeht, bis ein Wirkungsoptimum vorhanden ist. Nach *Scheler* ist 12 bis 16 Stunden nach der Injektion mit der größten Wirkung zu rechnen. Ist zu erwarten, daß bei der von Ihnen gewählten Verabreichungsform schon mit einer feststellbaren Wirkung so frühzeitig zu rechnen ist?

Scheler: Postoperative Störungen des Elektrolyt- und Wasserhaushaltes. Schattauer 1968.

Eschner: Es ist zu erwarten, und zwar haben wir, ich darf zuerst nur den ersten Teil beantworten, präoperativ etwa im Verlauf einer 3/4 Stunde 500 mg einlaufen lassen und intraoperativ im Verlauf einer weiteren Stunde weitere 500 mg. Es läßt sich, das haben wir in anderen Arbeiten zeigen können, ein zellulärer Soforteffekt, der sich sehr wohl unterscheidet von dem renalen Effekt, bereits nach frühestens 20 Minuten nachweisen.

Eckart: Stoeckel und Korpassy haben Aldosteron-Bestimmungen bei Intensivpatienten durchgeführt, *Friedberg* und Mitarbeiter untersuchten die Aldosteron-Ausscheidung nach gynäkologischen Operationen. Beide Arbeitsgruppen konnten postoperativ nicht regelmäßig eine gesteigerte Aldosteron-Exkretion nachweisen, andererseits eine Natriumretention auch dann beobachten, wenn im wesentlichen nur ein ausgeprägter Hyperkortisolismus vorlag. Haben Sie bei Ihren Patienten Aldosteron gemessen oder bezeichnen Sie nur den Effekt, d. h. die Umkehr des Natrium-Kalium-Quotienten im Urin, als postoperativen Aldosteronismus:

Stoeckel u. Korpassy: Z. prakt. Anästh. 7, 28 (1972)
Friedberg, Stark u. Mitarb.: Schweiz. med. Wschr. 91, 441, 470 (1961)
Stark, Friedberg u. Mitarb.: Klin. Wschr. 38, 321 (1960)

Eschner: Ich muß sagen, daß ich den Effekt als Aldosteronismus bezeichne, allerdings mit einer gewissen Berichtigung, insofern, als sehr exakte und sehr umfassende Studien von *Jahrmärker* vorliegen, der gezeigt hat, daß bei einer bestimmten Umkehr des Natrium-Kalium-Faktors um 1 eine stark erhöhte Aldosteronsekretion vorliegt, unter 1 eine exzessiv erhöhte, und die ist mit einem relativ großen Zahlenmaterial versehen gewesen und vorgetragen in Nizza, wenn ich mich recht erinnere.

Eckart: Was war das für ein Krankengut?

Eschner: Das sind sowohl operative als auch Intensivpatienten aus dem Bereich der inneren Medizin gewesen.

Lüderitz: Eine Ergänzung zur Wirkung von Aldadiene-K: Wir haben am isolierten Papillarmuskel von Meerschweinchenherzen den Effekt von Aldadiene-Kalium untersucht und dabei entsprechend Ihren Ausführungen einen myokardialen Soforteffekt nach ca. 15 – 30 min nachweisen können (gemessen an elektrophysiologischen Parametern). Die Änderungen (Verlängerung des Aktionspotentials und der Refraktärzeit) waren unabhängig von der aldosteronantagonistischen Wirkung von Aldadiene-K.

Eschner: Darf ich vielleicht noch zur Erklärung einfügen, daß ja doch die Angriffspunkte vom Aldadiene-Kalium und vom Aldosteron gänzlich verschiedene sind. Auch ist es ja so, daß sich dieser Soforteffekt, wie Herr *Lüderitz* sagte, zwanglos erklären ließ.

Über die klinische Pathophysiologie der Thrombozytenadhäsivität und ihre Beeinflussung durch Kalium-Magnesium-Aspartat

E. Jacobi und G. Hagemann

Die Prophylaxe thromboembolischer Krankheiten basierte in den letzten Jahrzehnten auf einer Blockierung der plasmatischen Gerinnung durch Heparin oder einer Verminderung der Gerinnungsfaktoren des Prothrombinkomplexes durch Cumarin-Derivate. Erst in letzter Zeit wurde erkannt, daß es auch sinnvoll ist, die Fähigkeit der Thrombozyten zur Bildung von Abscheidungsthromben zusätzlich zu beeinflussen. Jede Thrombose beginnt formal mit der Anhaftung von Plättchen an eine Gefäßläsion, erst danach schließt sich die Fibringerinnung an. Für die hier beschriebenen Untersuchungen wurde ein Test verwandt [2], bei dem Citratblut mit definierter Geschwindigkeit (7 cm/sec) an einem Nylonfaserbündel vorbeiströmt. Die Strömungszeit beträgt 30 sec. Die Menge des an den Fasern angeschiedenen Thrombozytenproteins, mit Hilfe der Folin-Methode bestimmt, ist ein Maß für die Thrombozytenadhäsivität (TA) (Abb. 1).

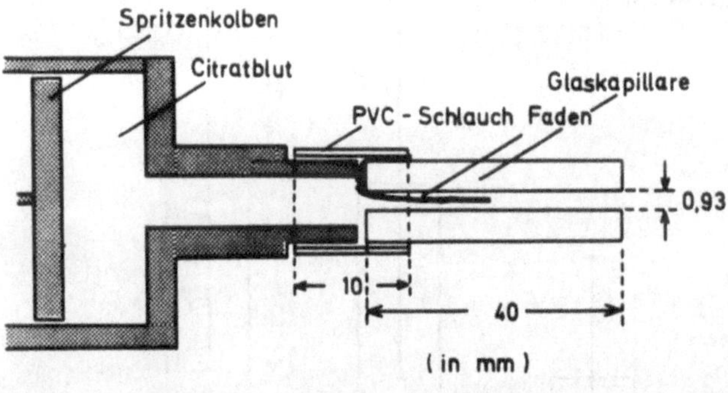

Abb. 1 Schematische Darstellung des Meßaufbaus. Der in der Kapillare befindliche Faden ist am vorderen Ende durch einen PVC-Schlauch befestigt. Dieser Schlauch ist gleichzeitig Verbindungsstück zur 10 ml-Spritze

Der Meßwert als Mittelwert von vier Einzelmessungen wurde aus Blutproben von 10 ml gewonnen, die von den Patienten zu jeweils gleichen Tageszeiten abgenommen wurden. Das Krankengut dieser Versuchsreihe bestand aus Patienten des Oststadtkrankenhauses der Medizinischen Hochschule Hannover während des Zeitraums August 1970 bis Dezember 1971. Aufgrund klinischer Angaben wurden die Patienten bei der statistischen Auswertung folgenden Diagnosegruppen zugeteilt: Nicht thromboembolische Erkrankungen, arterielle Verschlußkrankheiten, Thrombose und Herzinfarkt.

Außerdem wurden folgende Daten zur Auswertung herangezogen: Alter, Größe und Gewicht, der 2 Stunden Wert des Blutzuckers nach oraler Glucosebelastung, der Lipidstatus, die im vergangenen Jahr pro Tag gerauchten Zigaretten und atmosphärische Strahlungsimpulse definierter Amplituden und Impulsfolgefrequenzen. Außerdem sind Messungen an einem Kollektiv von Patienten der chirurgischen Klinik in der prae- und postoperativen Phase durchgeführt worden.

Ergebnisse

Unter den oben erwähnten Diagnosegruppen wurde die TA von den Patienten jeweils am Einlieferungstag bestimmt, bevor therapeutische Maßnahmen, insbesondere eine antiadhäsive Therapie, eingeleitet wurden. In der Abb. 2 sind Mittelwerte und Standardabweichungen von den vier unterschiedlichen Diagnosegruppen aufgetragen. In den Säulen sind außerdem die Patientenzahlen eingetragen. Zur statistischen Sicherung gegenüber den nicht thromboembolischen

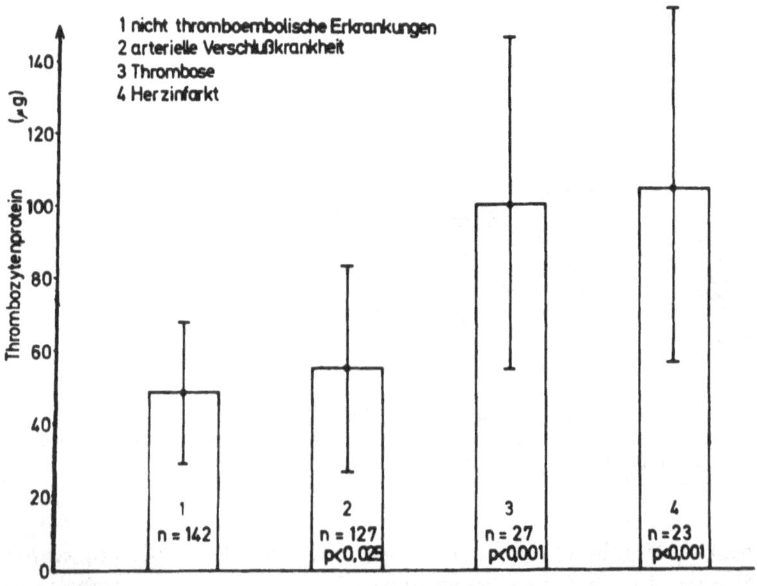

Abb. 2 Mittelwerte und Streuungen der Thrombozytenadhäsivität (TA) bei den 4 angegebenen Diagnosegruppen. Außerdem sind in den Säulen die Anzahl Patienten (n) und die statistische Sicherung (p) gegen Säule 1 aufgetragen

Erkrankungen (Säule 1) diente der t-Test. Die Graphik zeigt deutlich den Unterschied der TA der Thrombose, bzw. Herzinfarkt einerseits und der Vergleichsgruppe andererseits. Dagegen unterscheidet sich die Gruppe der arteriellen Verschlußkrankheiten nur wenig von der Vergleichsgruppe, obwohl sie statistisch unterschieden sind.
Um zu zeigen, welchen Verteilungen die TA Werte folgen, wurden jeweils Klassengrenzen mit vielfachen der halben Standardabweichung beiderseits des Mittelwertes gruppiert. Gegen die Klassengrenzen wurde der empirische Probit aufgetragen und von Hand durch eine Probit-Gerade approximiert, wobei die Abszisse logarithmisch unterteilt war. Die Werte einer Diagnosegruppe folgen in nächster Näherung einer log-Normalverteilung (Abb. 3). Außerdem wurden die Verteilungsfunktionen in Abb. 4 mit linearer Abszisse noch einmal dargestellt. Aus dieser Graphik geht anschaulich hervor: Es gibt eine Anzahl von Herzinfarktpatienten, die auch eine niedrige TA haben, während aber auch ein Teil der Kontrollgruppe hohe TA-Werte aufweist.

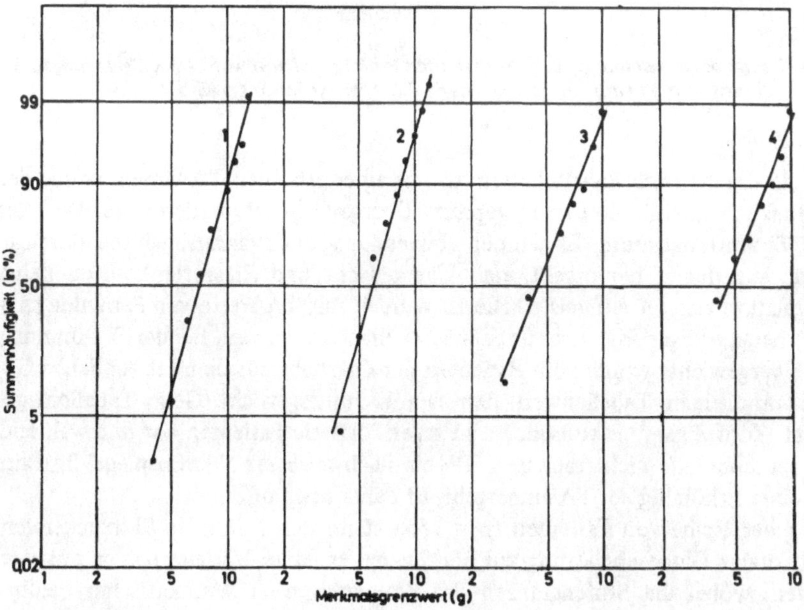

Abb. 3 Verteilungen der in Abb. 2 dargestellten TA-Werte der 4 Diagnosegruppen. Gegen die Klassengrenzen, welche mit dem Vielfachen der halben Standardabweichung um den Mittelwert gruppiert wurden, ist der empirische Probit aufgetragen. Die Punkte wurden von Hand durch eine Probit-Gerade approximiert. In nächster Näherung ergab sich nur eine Gerade, wenn die Abszisse logarithmisch gewählt wurde

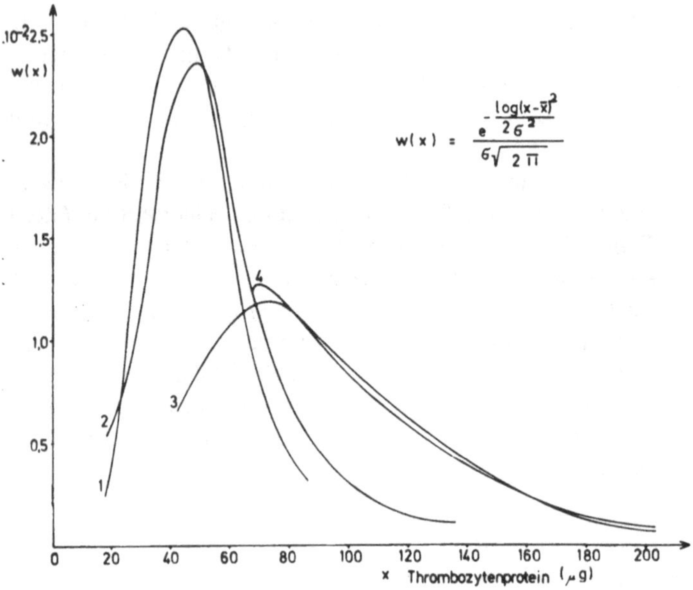

Abb. 4 zeigt die aus den in Abb. 3 dargestellten Probitgeraden gewonnenen Verteilungsfunktionen. Zur Veranschaulichung wurde die Abszisse linear gewählt

Auf der Suche nach Eigenschaften, die zu einer erhöhten TA führen, wurde der Einfluß von „Risikofaktoren" geprüft: Übergewicht, Hyperlipidämie, Diabetes und Zigarettenkonsum. Es wurden Regressions- und Varianzanalysen durchgeführt, aus denen hervorgeht, daß Übergewicht und Zigarettenkonsum keine Korrelation zur TA aufweisen. Hierzu wurden nur TA-Werte von Patienten (n = 333) herangezogen, die nicht antiadhäsiv behandelt wurden. Bei der Bestimmung des Übergewichts wurde vom Patienten der Quotient aus dem tatsächlichen Gewicht und einem Tabellenwert, dem Durchschnittsgewicht (Geigy-Tabellen) gebildet. Zum Zigarettenkonsum ist zu sagen, daß die Patienten vor und während der Blutabnahme nicht rauchten. Ob ein nachweisbarer Nikotinspiegel im Blut mit einer Erhöhung der TA einhergeht, ist daher noch offen.

Bei einer Reihe von Patienten (n = 156) stand der 2-Stunden-Blutzuckerwert nach oraler Glucosebelastung zur Verfügung. In einer Varianzanalyse mit vier Stufen, wobei die Stufengrenzen das Programm nach symmetrischer Feldbesetzung bildete, wurden die Blutzuckerwerte gegen die TA-Werte geprüft. In der ersten Stufe (bis 180 mg %) fand sich ein über die Norm deutlich erhöhter Wert. Mit zunehmendem Blutzuckerspiegel sank aber die TA in den Normbereich zurück. Dieser Trend konnte bei n = 156 statistisch mit $p < 0{,}05$ gesichert werden.

In einer weiteren Varianzanalyse wurde versucht, eine Korrelation zwischen den Gesamtlipiden, Cholesterin und den Triglyceriden zur TA zu ermitteln (Abb. 5). Man findet eine Erhöhung der TA bei den Gesamtlipiden im oberen Normbereich, mit zunehmenden Lipidwerten sinkt die TA dann stärker ab (von ca. 80 auf ca. 45 /ug). Beim Cholesterin sowie bei den Triglyceriden verschiebt sich die Erhöhung der TA in den leicht pathologischen Bereich, während eine stärkere Erhöhung der Cholesterin- und Triglyceridwerte die TA unbeeinflußt läßt. Die günstigste statistische Sicherung wurde bei den Triglyceriden mit $p < 0,01$ erreicht. Möglicherweise verbirgt sich hinter der Normalisierung der TA bei einem Überangebot an Substraten eine Steigerung des Plättchenstoffwechsels. Dies würde zur Zunahme der repulsiven Kräfte durch Steigerung des transmembranen Potentials zwischen den Plättchen untereinander und der Gefäßwand, und damit zu einer Verminderung der Haftung führen.

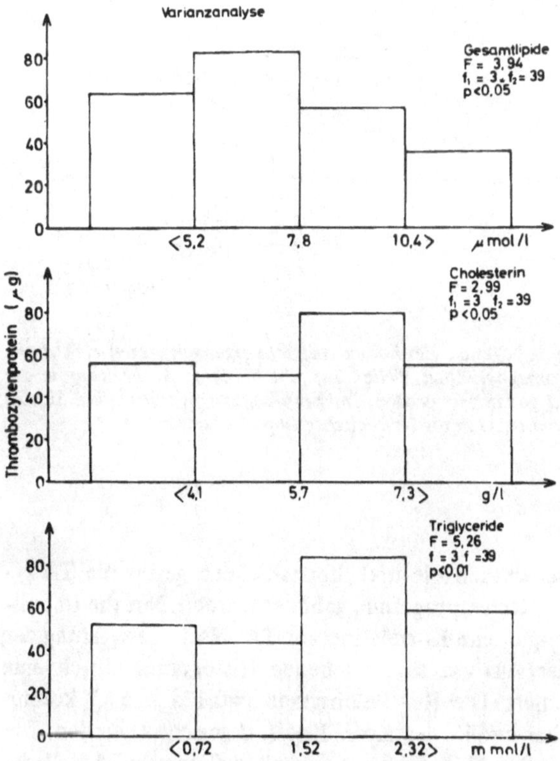

Abb. 5 Die TA-Werte bei Gesamtlipiden, Cholesterin, Triglyceriden, dargestellt als Mittelwerte innerhalb der durch das Programm gebildeten Klassengrenzen

Auf der Suche nach Eigenschaften, die für die stark erhöhte TA verantwortlich zu machen sind, wurde der Einfluß des Wetters auf die TA geprüft. Zusammenhänge zwischen dem Auftreten von Thrombosen, Herzinfarkten und Embolien mit bestimmten Wettersituationen sind seit alters her bekannt. Im folgenden wird über den Einfluß atmosphärischer Impulsstrahlung (Sferics) berichtet, die bei elektrischen Ladungsaustauschvorgängen in der Atmosphäre, z. B. bei hohen Aufgleitvorgängen, entstehen (Abb. 6). Man kennt drei Amplitudenbereiche, die sich qualitativ nach Impulsamplitude und Impulsfolgefrequenz je nach Ursprungsort in der Atmosphäre in charakteristischer Weise unterscheiden.

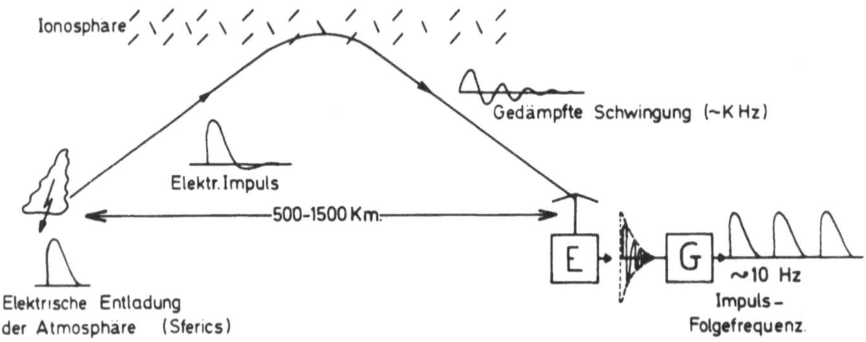

Abb. 6 Schema zur Entstehung der Sferics. Bei hohen Aufgleitvorgängen treten elektrische Entladungen mit elektromagnetischen Wellen auf, die bei ihrer Ausbreitung in der Ionosphäre gestreut und gedämpft werden. Im Empfänger E werden diese Signale verstärkt und im Gleichrichter G in niederfrequente Impulse verwandelt

In einer Multivarianzanalyse wurden die drei Sferics-Größen gegen die TA geprüft, wobei die Klassen vom Rechenprogramm gebildet wurden. Nur die Impulsamplitude 0,02–0,4 V/m zeigte eine Korrelation zur TA. Nach Auswertung der Varianz wurde das aus der Analyse sich ergebende Histogramm durch eine lineare Regression approximiert. Die Regressionsgrade $y=0{,}13x + 57{,}2$ konnte statistisch mit $p < 0{,}001$ bei $n=445$ des Korr. Koeff. 0 gesichert werden. Die Standardabweichung war mit $\partial = 42{,}3$ allerdings so groß, daß uns eine Aufgliederung der Resultate nach den Diagnosegruppen notwendig erschien. Es zeigte sich, daß nur für die thromboembolischen Erkrankungen (Abb. 7 linke Seite) sowie

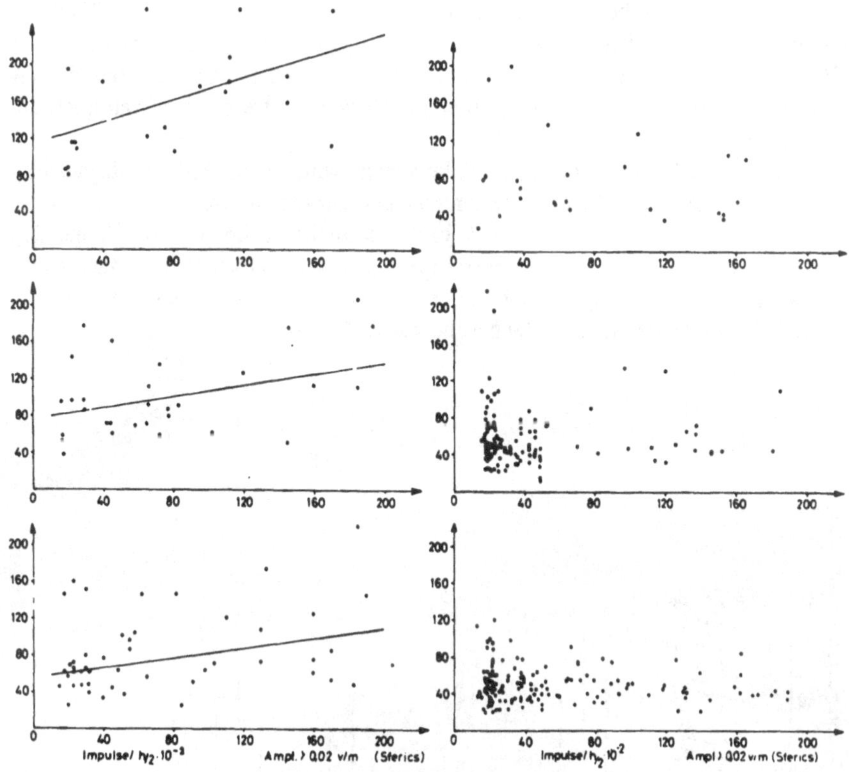

Abb. 7 Die gemessenen TA-Werte der am 1. Tage ihres Krankenhausaufenthaltes noch nicht antiadhäsiv Behandelten wurden den je Meßzeitpunkt gültigen Sferics-Häufigkeiten (Impulse/h/2 10^{-2}) mit Amplituden 0,02–0,4 V/m zugeordnet. Auf der linken Seite sind die Meßwerte und die Regressionsgeraden der Diagnosegruppen „Polycythaemia vera (oben), Thrombosen (Mitte) und Myocardinfarkte (unten)" dargestellt. Auf der rechten Seite sind die Meßwerte der Diagnosegruppen „Herzinsuffizienz (oben), arterielle Verschlußkrankheiten (Mitte) und Vergleichsgruppe (unten)" aufgetragen

für die Polycythaemia vera, die durch thromboembolische Episoden gekennzeichnet sind, eine starke Sferics-Abhängigkeit besteht ($p < 0{,}05$). Dagegen ließen die übrigen Diagnosegruppen keine signifikanten Zusammenhänge erkennen (Abb. 7 rechte Seite).
Diese Sferics-Komponenten 0,02–0,4 V/m ist durch eine Impulsfolgefrequenz von ca. 10 Hz gekennzeichnet. Da sich das vegetative Nervensystem durch

mechanische, optische und elektrische Reize mit Frequenzen der Größenordnung 10 Hz stark beeinflussen läßt, wird mgölicherweise die Wirkung dieser Sferics-Komponente auf physiologische Parameter, wie es unter anderem die TA darstellt, kausal begründbar, wenn auch die Ursachenkette im einzelnen noch unbekannt ist.

Zu den antiadhäsiv wirksamen Substanzen wird auch Kalium-Magnesium-Aspartat[1] gezählt [5]. In einer ersten Versuchsanordnung wurde Inzolen in der Konzentration 2,5, 5, 7,5, 10 ml % und anschließend die Adhäsivität bei den einzelnen Konzentrationsstufen bestimmt. Das Ergebnis ist in Abb. 8 dargestellt. Die ausgeprägte Senkung der TA findet sich im Konzentrationsbereich 5 ml/100 ml Blut bei einer statistischen Sicherung von $p < 0{,}001$.

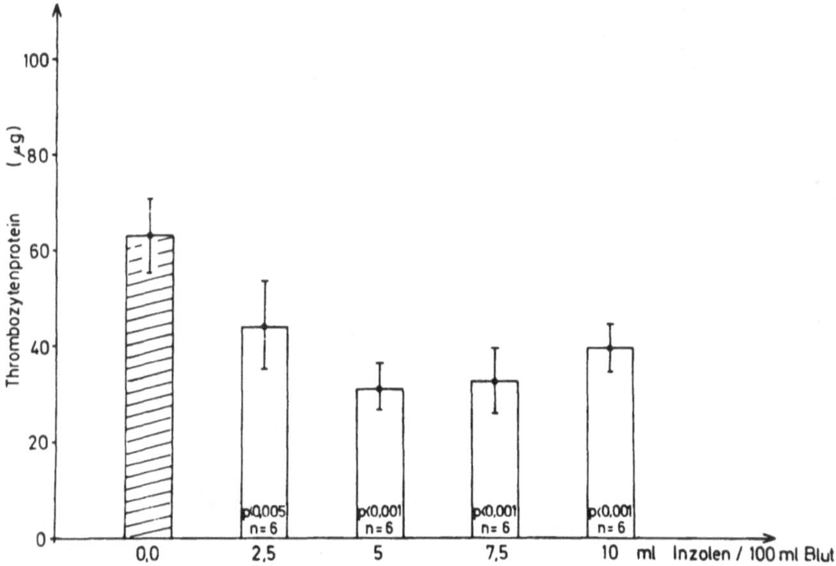

Abb. 8 zeigt die Beeinflussung der TA durch verschiedene Konzentrationen von Inzolen, welches in vitro dazugegeben wurde

Nach diesen in-vitro-Untersuchungen prüften wir den Einfluß von Inzolen bei einem chirurgischen Patientenkollektiv während des postoperativen Verlaufes. Wie der Abb. 9 zu entnehmen ist, liegt die TA bei der Mehrzahl der Patienten über der Norm, was durch die prophylaktische Gabe von Inzolen (250 ml/die) verhindert werden kann. Im Vergleich zur unbehandelten Gruppe zeigt sich eine ausgeprägte Senkung der TA, die sich vielfach bis zur unteren Grenze der Norm bewegt.

1 Inzolen(R) der Fa. Köhler Chemie AG, Alsbach/Bergstr.

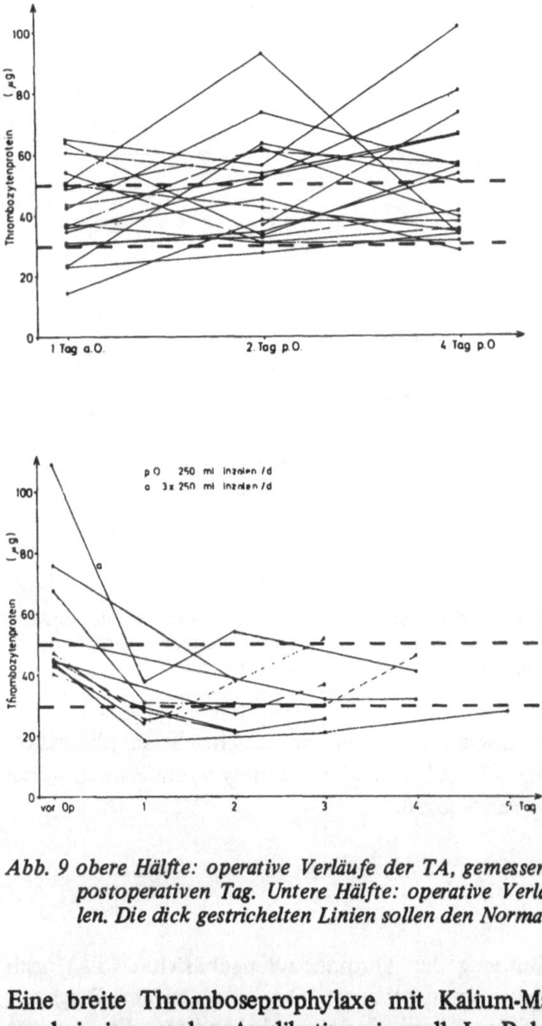

Abb. 9 obere Hälfte: operative Verläufe der TA, gemessen vor der Operation, am 2. und 4. postoperativen Tag. Untere Hälfte: operative Verläufe unter der Therapie von Inzolen. Die dick gestrichelten Linien sollen den Normalbereich markieren

Eine breite Thromboseprophylaxe mit Kalium-Magnesium-Aspartat wäre aber nur bei einer oralen Applikation sinnvoll. Im Rahmen einer Vortestung wurde deshalb einem chirurgischen Kollektiv, die sich einer Varizenexhairese nach Babcock unterzogen, Inzelloval(R) in der Dosierung 3 x 1 Tablette verabreicht. Dieses Patientenkollektiv zeigt in der postoperativen Phase eine erhöhte TA, und erfahrungsgemäß ist es leichter, eine erhöhte als eine normale TA zu senken. In Abb. 10 ist das Ergebnis dargestellt. Im Vergleich zur Kontrollgruppe bleibt die Erhöhung der TA aus.

Die Ergebnisse der erhöhten TA in der postoperativen Phase stehen im Einklang mit der klinischen Beobachtung thromboembolischer Komplikationen. Eine antiadhäsive Therapie in dieser Zeit sollte daher eine sinnvolle Ergänzung der

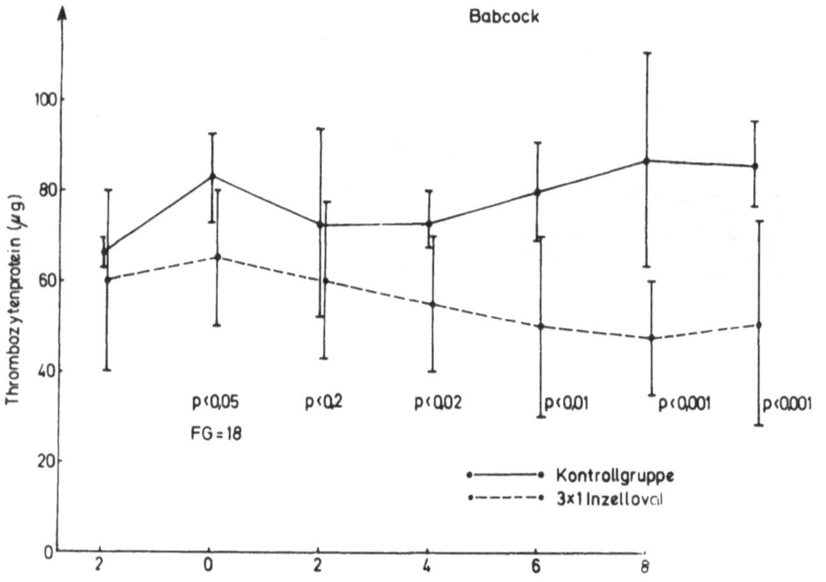

Abb. 10 Operative Verläufe der TA bei der Varizenexhairese nach Babcock. Die durchgezogene Linie stellt den Mittelwert der Vergleichsgruppe, die gestrichelte Linie die Mittelwerte der mit 3 x 1 Inzelloval p.o. therapierten Gruppe dar

Antikoagulantientherapie sein. Inwieweit aber hier die beschriebenen pharmakologischen Effekte die Rate der Thromboembolien verringert, muß noch durch größere klinische Studien bewiesen werden.

Zusammenfassung

Mit dem Fasertest zur Bestimmung der Thrombozytenadhäsivität (TA) nach *Jacobi* et al. wurden 500 Patienten untersucht. Die verschiedenen Diagnosegruppen zeigten einen Anstieg der TA im akuten, unbehandelten Stadium im Vergleich zur Kontrollgruppe. Die sog. Risikofaktoren spielen eine unwesentliche Rolle beim Zustandekommen der erhöhten TA. Bei den Lipiden sind es die Triglyceride, die in einem leicht pathologischen Bereich die TA signifikant erhöht, während ein zunehmender Lipidspiegel die TA wieder senkt. Atmosphärische Strahlungsimpulse (Sferics) entstehen durch einen schnellen Übergang von einer Hochdruckzone zu einer meridionalen Wetterlage des tropischen Typs an der Westflanke einer sich aufbauenden neuen Frontalzone. Mit diesen Sferics 0,02–0,4 V/m fanden wir lineare Korrelationen zur TA. Inzolen(R) ist in der Lage, eine erhöhte TA zu senken.

Summary

With the fibre-test of *Jacobi* et al. to estimate platelet adhesiveness (PA), 500 patients were examined. The different diagnostic groups show an increase of the PA in an acute, untreated stage in contrast to the control group. The so-called risk factors play an non-essential part in the induction of the incresed PA. Among the lipids there are the triglycerols which, in a slightly pathological range, raise the PA significantly above the normal value, whilst a rising lipid level reduces the PA. Atmospherics (sferics) arise by a quick changing from an anticyclone to a meridional situation of a tropical type on a west flanc of a beginning new frontal zone. With the sferics 0,02–0,4 V/m we found linear correlations to PA. Inzolen(R) influences an increased PA.

Literatur

[1] Hagemann, G., E. Jacobi, P. Joost und H. Poliwoda: Sind physikalische Vorgänge an der Thrombogenese beteiligt? Studia biophysica, **26**, 221–232 (1971).

[2] Jacobi, E., G. Hagemann und H. Poliwoda: Eine in-vitro Methode zur Bestimmung der Thrombozytenadhäsivität. Thrombos. Diathes. haemorrh. **26**, 192–202 (1971).

[3] Jacobi, E., G. Hagemann und H. Poliwoda: Some Investigations into Clinical Pathophysiology on Platelet Adhesiveness. In: Deutsch, E. et al.: Metabolism and Membrane Permeability of Erythrocytes, Thrombocytes and Leucocytes. G. Thieme, Stuttgart 1972.

[4] Jacobi, E.: The Effect of Atmospherics (sferics) on Platelet adhesiveness. Vortrag auf dem III. Intern. Congress on Thrombosis and Hemostasis, American Heart Association, Council on Thrombosis, Washington, August 1972.

[5] Poliwoda, H. und I. Schmalfeld: Die Wirkung von Inzellon auf experimentell erzeugte Thromben. In: Kalium-Magnesium-Aspartat, Schattauer Stuttgart 1969, S. 123–126.

Diskussion

Eckart: Ich muß auch hier wieder fragen: 1,5 mval Kalium und 1,5 mval Magnesium, peroral verabreicht, können nach Ihrer Meinung diesen Effekt machen oder führen Sie das auf die Spurenelemente zurück? Haben Sie untersucht, ob Kalium und Magnesium in gleicher Dosierung, aber ohne Spurenelemente, intravenös verabreicht dieselbe Wirkung haben:

Jacobi: Nein. Diese Dosierung erscheint überhaupt niedrig. Die Infusion von 250 ml über 8 Stunden erscheint realistisch. Ob dieser Effekt tatsächlich durch diese niedrige Konzentration hervorzurufen ist, das werden wir in einer größeren Doppelblindstudie an gesunden Versuchspersonen nachvollziehen und exakter erarbeiten.

Eckart: Wurde Inzolen oder Inzolen-Infusion verabfolgt, d.h. rund 70 mval Kalium und Magnesium oder nur je 25 mval?

Jacobi: Nur 25 mval.

Birnbaum: Können Sie mir erklären, welche Korrelation besteht zwischen dem Thrombozytenprotein, welches Sie auf der Ordinate aufgetragen haben, und der Thrombozytenadhäsivität, wie Sie das bezeichnen, ich verstehe das nicht ganz?

Jacobi: Thrombozytenadhäsivität kann verstanden werden als Anhaften von Plättchen an eine Oberfläche. Mit dem Wort Thrombozytenadhäsivität ist aber auch ein klinischer Begriff gemeint: Bildung eines plättchenreichen Thrombus und Gefahr eines Gefäßverschlusses durch diesen Thrombus. Je mehr Plättchen anhaften, desto größer wird dieser Thrombus. Dieser Mechanismus wird im Fasertest nachvollzogen, wobei als Maß für die Menge der abgeschiedenen Thrombozyten das Thrombozytenprotein bestimmt wird.

Reinhardt: Nochmal zur Methodik. Sie haben also einen Nylonfaden in diese Glaskapillare eingespannt. Dann schlagen sich Thrombozyten daran nieder. Das ist ja nun ein zeitabhängiger Prozeß; wenn man ihn länger laufen läßt, werden sich wahrscheinlich mehr daran niederschlagen. Wenn das der Fall ist, dann muß sich aber die Oberfläche vergrößern. Welche Rolle spielt dabei die Oberfläche, auf der sich die Thrombozyten niederschlagen können?

Jacobi: Die abgeschiedene Menge Thrombozytenprotein steigt proportional zur Oberfläche und zur Durchströmungszeit nicht linear an. Während bei konstanter Durchströmungszeit der Thrombus am Anfang mit zunehmender Oberfläche schnell wächst, nimmt die Thrombocytenabscheidung bei weiterer Zunahme der Oberfläche nur unmerklich zu. Das liegt daran, daß der Thrombus sich am vorderen Teil des Fadens bildet, während am hinteren Ende des Fadens nur vereinzelte kleine Thromben zu finden sind. Um reproduzierbare Werte zu erhalten, müssen folgende Parameter konstant gehalten werden: Anzahl, Länge und Beschaffenheit der in der Kapillare befindlichen Fasern, Durchströmungszeit und die Temperatur.

Saborowski: Ich habe noch eine statistische Frage: Wie hoch liegt der Korrelationskoeffizient bei dieser sehr großen Streuung?

Jacobi: Die Korrelationskoeffizienten waren bei allen drei Gruppen unterschiedlich. Er lag am höchsten bei der obersten Gruppe. Ich kann Ihnen jetzt nur den p-Wert aus Korrelationskoeffizient und den Freiheitsgraden nennen. Er lag in der obersten Gruppe $p < 0{,}001$, während er in der untersten Gruppe bei $p < 0{,}01$ lag.

Brandt: Welche pathophysiologischen Vorstellungen können Sie uns über die orale Applikation geben, wo doch nur relativ geringe Mengen an Kalium und Magnesium aufgenommen werden? Wie haben wir uns hier den Ablauf der

Hemmung der Aggregation am Nylonfaden vorzustellen? Könnten dies Oberflächenwirkungen sein, in dem Sinne, daß die wenigen Kaliumionen, die vermehrt vorhanden sind, die Thrombozytenablagerung verhindern?

Jacobi: Wir meinen, daß durch eine Steigerung des transmembranen Potentials Repulsionskräfte Thrombozyten zunehmen. Das transmembrane Potential der Thrombozyten, welches 12 mVolt beträgt, muß ja erst überwunden werden, bevor die Thrombozyten aneinander oder an einer anderen Fläche anhaften können.

Wieluch: Haben Sie die Kalium-Serum-Spiegel bestimmt, vorher und nachher, um zu sehen, ob auch die Spiegel ansteigen?

Jacobi: Nein, die K^+-Spiegel wurden nicht bestimmt. Aus früheren Untersuchungen wissen wir, daß indirekt auf diesen Mechanismus geschlossen werden kann.

Eckart: Haben Sie dieselben Versuche auch nach alleiniger Gabe von Kaliumasparaginat, Magnesium-asparaginat bzw. Kalium- oder Magnesiumchlorid durchgeführt?

Jacobi: Diese Untersuchungen sind mit dem Fasertest nicht gemacht worden.

Henneberg: Ich glaube, das ist der springende Punkt auch dieses Symposions. Was macht hier Kalium und was macht auf der anderen Seite das Anion, das wir heute ja etwas weniger berücksichtigt haben? Wir können vielleicht anschließend noch darauf zurückkommen. Auf alle Fälle erscheint mir für künftige Messungen diese Unterscheidung sehr wichtig, damit, wenn wir uns in einem Jahr wieder treffen, diese Frage beantwortet wird.

Jacobi: Noch als Nachsatz. Mit diesem Test wurden die Einzelfraktionen nicht untersucht. Herr Prof. *Poliwoda*, mein ehemaliger Chef, hat an einer Laser induzierten Thrombusbildung an der Ratte gemessen. Dabei wurde ein Gefäß des Mesenteriums der Ratte freigelegt, mit einem Laser ein Loch in die Gefäßwand hineingeschossen und die Thrombusbildung gefilmt. Mit dieser Methode konnte gezeigt werden, daß das Kalium-Magnesium-Aspartat in seiner Kombination wirksamer ist als die Einzelfraktionen.

Köhler: Darf ich diesen Hinweis von Herrn *Jacobi* ergänzen. Bei diesen Versuchen wurden sämtliche Bestandteile von Inzolen geprüft: Kalium, Magnesium, Kupfer, Kobalt, Zink getrennt als Monosubstanzen. Der Effekt ist richtigerweise nur gesehen worden in der Kombination von Kalium-Magnesium-Aspartat und bei Kupfer, während alle übrigen Kationen die Erscheinungen nicht zeigen. Der gesamte Komplex, wie er im Inzolen vorliegt, war am aktivsten. Die Untersuchungen sind erstmals beim Inzolen-Kolloquium in Düsseldorf vorgetragen und in der Monographie zu diesem Symposium veröffentlicht worden.

Eckart: Kirsch und Mitarb. haben in Hamburg bei cardiovaskulären Eingriffen den Einfluß der Elektrolyttherapie auf die Thrombozytenfunktion bestimmt.

Soweit ich mich erinnere, haben Sie Kaliumchlorid, Kaliumaspartat, Kalium-Magnesium-Aspartat und Magnesiumaspartat getrennt getestet und sowohl unter Magnesiumaspartat allein als auch unter Kalium-Magnesium-Aspartat einen Rückgang des Thrombozytenzerfalles festgestellt. *Kirsch, Marcsek* u. Mitarb. in: Bioch. Eigenschaften u. Möglichkeiten d. klin. Anwendung v. K-Mg-Aspartat. Cantor 1971.

Köhler: Sie meinen die beim Münchener Inzolen-Kolloquium vorgetragenen Untersuchungen von *Kirsch, Marcsek, Pokar* und *Tilsner* über den Einfluß der Elektrolyttherapie auf die Thrombozytenfunktion im intra- und postoperativen Verlauf bei cardiovasculären Eingriffen. Bei dieser Indikation hat die vergleichende Prüfung von Kaliumchlorid, von Natriumchlorid oder von Kaliumaspartat sowie von Magnesiumaspartat allein gegenüber der Kombination von Kalium-Magnesium-Aspartat, letztere als handelsübliche Inzolen-Lösung, gezeigt, daß lediglich die Injektion von Inzolen auf die Thrombozyten einen positiven Effekt hatte im Sinne einer Normalisierung der Ausbreitung und einer Stabilisierung ihrer Granula.

Brandt: Wie hoch waren die absoluten Thrombozytenwerte bei Ihren Patienten? Ist der Test von der absoluten Thrombozytenzahl abhängig?

Jacobi: Es besteht ein Zusammenhang zwischen der Thrombozytendichte und der Thrombozytenadhäsivität, über den ich aus Zeitmangel vor diesem Forum nicht berichte:

$$Ad = a\sqrt{n}$$

(Ad = Thrombozytenadhäsivität, a = ein Faktor, n = Thrombozytendichte)

Mit Hilfe dieser Formel ist es möglich, die gemessene Thrombozytenadhäsivität (Ad_{gem}) auf eine relative Thrombozytenadhäsivität (Ad_{rel}) einer Vergleichsdichte (n_o), z. B. 200 000 Thrombozyten/mm^3 umzurechnen:

$$Ad_{rel} = Ad_{gem}\sqrt{\frac{n_o}{n}}$$

Dieser Zusammenhang ist auch mit anderen Methoden zur Bestimmung der Thrombozytenadhäsivität gefunden worden.

Der Einfluß der Langzeit-Intensivtherapie auf den Zinkstoffwechsel

L. Fodor, A. Zentai und F. W. Ahnefeld

Während operativer Eingriffe und unter schweren Träumen wird das Stoffwechselgefüge des Organismus stark beeinträchtigt. Unter dieser Belastung treten hohe Mineralverluste auf, die bei nicht rechtzeitiger und exakt bilanzierter Substitutionstherapie schwerwiegende Störungen lebenswichtiger Vitalfunktionen des Gesamtorganismus nach sich ziehen. Der Körper verliert neben den allgemein bekannten Elektrolyten wie Kalium und Natrium auch essentielle Bioelemente, die Bestandteile zahlreicher Enzyme sind und als Katalysatoren wichtige Aufgaben im Zellstoffwechsel erfüllen [1–4, 8, 10–13, 17–19, 23, 26, 33, 38, 39, 44].

Zu diesen essentiellen Bioelementen gehört das Zink, das durch seine multifaktorielle Wirkung eine zentrale Rolle im Zellstoffwechsel einnimmt und maßgeblichen Einfluß auf den Kohlenhydrat- und Eiweißstoffwechsel hat [5, 9, 11, 17–19, 27, 33, 38, 41, 44–46, 49].

Folgende Auswirkungen kann ein allgemeiner Zinkmangel in der operativen Medizin haben:

Störung der Kohlenhydratutilisation,
Hemmung der Proteinsynthese,
Verminderung der allgemeinen Körperabwehr,
Störung der Wundheilung,
Verminderung der Wundreißfestigkeit,
Entgleisungen des Säure-Basen-Haushaltes
und – durch Beeinträchtigung der Zelltransportfunktion –
Störung des Elektrolythaushaltes.

[1, 3, 7, 9, 11, 13, 18–22, 27–33, 35, 37, 39, 43–46]. So kann ein Mangel an diesem multifaktoriellen essentiellen Bioelement in der postoperativen Phase und in noch stärkerem Maße in der Langzeit-Intensivtherapie zu einem limitierenden Faktor bei der parenteralen Ernährung werden.

Um die Frage beantworten zu können, wie hoch die Zinkverluste postoperativ und während Langzeit-Intensivtherapie sind, haben wir mit Hilfe eines Atom-Absorptions-Spektralphotometers folgende Untersuchungen durchgeführt und die Ergebnisse mit dem Wilcoxon-Text für zwei Stichproben statistisch ausgewertet: Bei den 21 sonst gesunden Patientinnen, die sich wegen Uterusmyomatosus einer abdominalen oder vaginalen Hysterektomie unterziehen mußten, wurden während der ersten drei postoperativen Tage der Zinkspiegel im Serum und die Zinkausscheidung im 24-Std.-Urin täglich bestimmt. (Abb. 1).

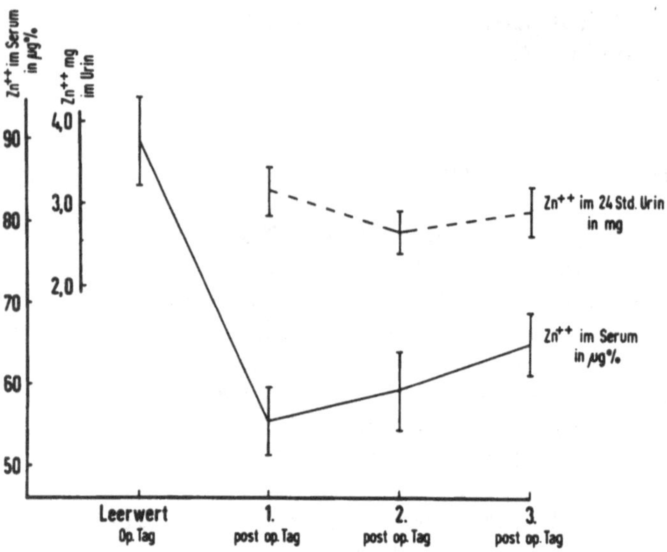

Abb. 1 Veränderungen des Zinkspiegels im Serum und Urin in der postoperativen Phase, gemessen an 21 Patientinnen

Im Vergleich zum Ausgangswert vor der Operation fiel der Zinkspiegel im Serum am ersten postoperativen Tag hochsignifikant ab und lag, wenn auch mit leicht ansteigender Tendenz, noch am dritten postoperativen Tag weiter unter der Norm. Die Zink-Ausscheidung im Urin stieg auf das 6–7fache der Norm an und blieb in diesem exzessiv hohen Ausscheidungsniveau bis zum dritten postoperativen Tag. Der Gesamtverlust, der sich zu 1/9 durch Urin und 8/9 durch Stuhl und Transpiration zusammensetzt, betrug in diesem Fall rein rechnerisch täglich ca. 40–50 mg Zink [17, 33, 38]. Sicherlich wird diese Menge bei einem präoperativ normalen Zinkstatus für die kurze, komplikationslose postoperative Phase belanglos sein. Andere Folgerungen ergeben sich jedoch bei einem präoperativ reduzierten Zinkspiegel und unter einer Langzeit-Intensivtherapie.
Von zahlreichen Publikationen wissen wir, daß viele Krankheitsbilder (z. B. Hepatophathien, Anämien, maligne Tumoren, Nephropathien, Kachexien) sowie Schwangerschaft und Langzeittherapien mit zinkbindenden Medikamenten (wie Antibiotika und Salizylsäure) zu einem reduzierten Zinkstatus führen, der sich dann unter operativer Belastung zu einem ausgeprägten Zinkmangel ausweitet [17, 19, 20, 24, 25, 27, 34, 36, 38, 40–42, 47–49].
Wir erweiterten unsere Untersuchungen auf die Langzeit-Intensivtherapie, da hierüber bislang keine Ergebnisse vorlagen. Es standen uns 10 schwertraumatisierte Patienten zur Verfügung, von denen 7 dauerbeatmet werden mußten. Es

handelte sich bei dieser Gruppe um 5 Schädel-Hirn-Traumen, kombiniert mit anderen Verletzungsarten wie Rippen-Serien-Frakturen, Leberruptur, traumatischer Hypophysektomie und perforierenden Thoraxverletzungen. In einem Fall bestand eine 30%ige Verbrennung teils dritten Grades. Die übrigen Patienten zeigten multiple Traumen wie Knochenfrakturen, ausgedehnte Weichteilschäden und Verletzungen der Baucheingeweide. Die Beobachtungszeit erstreckte sich auf insgesamt 14 Tage, in denen die Proben immer zur gleichen Zeit, um 8.00 Uhr morgens, entnommen wurden.

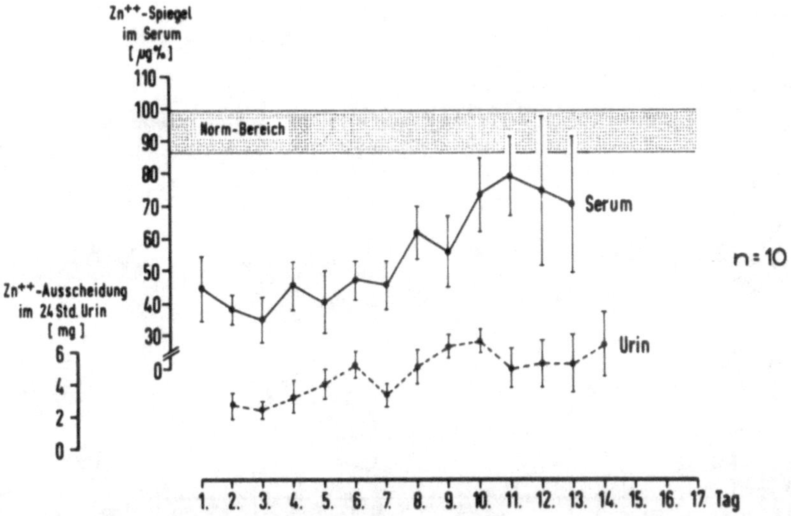

Abb. 2 Veränderungen des Serum-Zink-Spiegels und die Zink-Ausscheidung im Urin unter Langzeit-Intensivtherapie

Der Zink-Spiegel im Serum war bereits am Aufnahmetag stark reduziert, begann am 4. Tag wieder langsam anzusteigen und erreichte etwa am 11. Tag seinen höchsten Wert, wobei er aber trotz dieses Anstieges noch immer weit unter dem Normbereich blieb.

Die Zink-Ausscheidung im Urin stieg schon am ersten Tag auf das 5fache des Normwertes an und nahm im Laufe der Beobachtung stetig zu. Während der 14tägigen Beobachtungszeit betrug der Gesamt-Zink-Verlust im Urin 64 mg, was einem Tagesdurchschnitt von 4,5 mg entspricht. Dieser hohe Zink-Verlust würde, da die Darmtätigkeit bei keinem der beobachteten Patienten beeinträchtigt war, mit dem Stuhl und dem Verlust durch Transpiration zusammen einen täglichen Zinkverlust von ca. 40–50 mg ergeben, was wiederum einen Gesamtverlust von

600–700 mg Zink in diesen 14 Tagen ausmachen würde. Diese Menge entspricht etwa einem Viertel des gesamten Zink-Gehaltes im Körper.
Angesichts dieses hohen Zinkverlustes muß man bei länger dauerndem Krankheitsverlauf ohne entsprechende Zinkzufuhr mit einem Zusammenbruch des gesamten Zink-Stoffwechsels und daraus resultierenden Folgen für den Gesamtstoffwechsel rechnen. Wir wollen dies anhand einiger Einzelbeispiele ausführlicher demonstrieren. Außer den beiden bisherigen Parametern wurde hier auch der Zinkverlust durch Magensaft erfaßt.

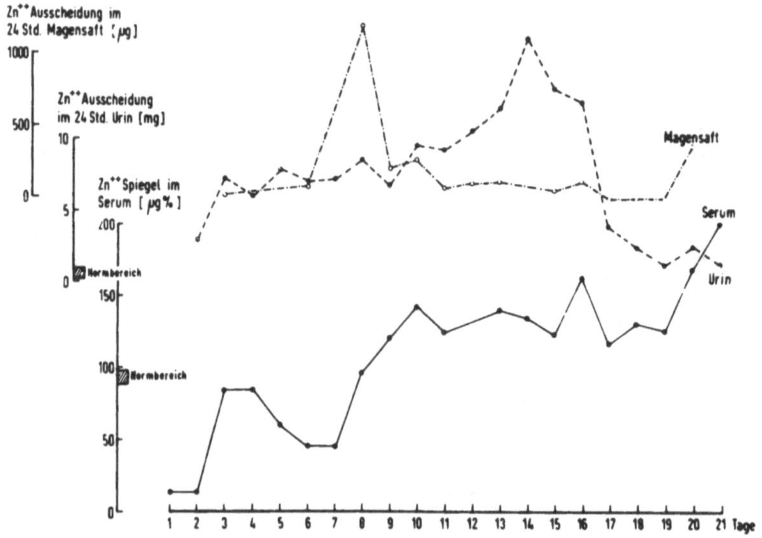

Abb. 3 Schädel-Hirn-Trauma mit Langzeitbeatmung

Es handelt sich hier um einen Langzeit-Beatmungsfall wegen Schädel-Hirn-Traumas. Der Zinkspiegel im Serum lag bis zum 8. Tag unter der Norm und stieg danach stark an, weit in den pathologischen Bereich. Die Zink-Ausscheidung im Urin betrug während der ersten 10 Tage durchschnittlich 6 mg, nahm aber dann einen exzessiv hohen Wert von mehr als 15 mg an. Nach 20tägiger Intensivbehandlung starb der Patient an den Folgen seiner schweren Verletzungen. Möglicherweise lag hier infolge der durch Obduktion gesicherten traumatischen Hypophysektomie eine hormonelle Entkoppelung vor.
Bei diesem Patienten, einem Beatmungsfall mit ausgedehnten Weichteilverletzungen und Rippenserienfrakturen, war der Zink-Spiegel im Serum während des gesamten Verlaufs stark reduziert und stieg erst kurz vor Exitus steil an, wobei er ein subnormales Niveau erreichte. Dieser kurzfristige Anstieg des Zink-Spiegels

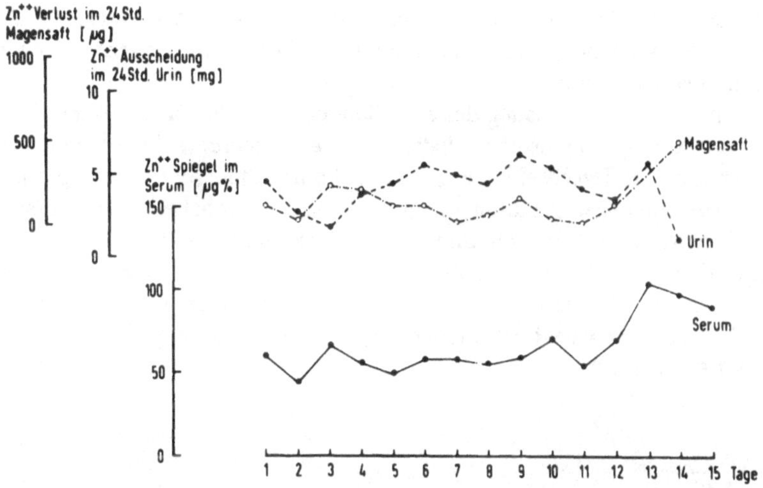

Abb. 4 Ausgedehnte Weichteilverletzungen mit Rippenserienfraktur – Beatmungsfall

rührt wahrscheinlich von dem zusätzlich aufgetretenen akuten Nierenversagen her. Die Zink-Ausscheidung im Urin lag auch hier durchschnittlich bei 4–5 mg pro Tag. Die Verluste im Magensaft lagen so wie bei den vorangegangenen Fällen unter 0,5 mg.

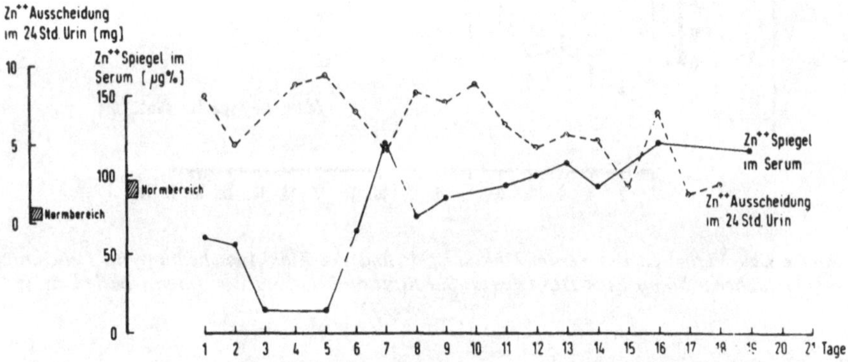

Abb. 5 Patient mit 30%igen Verbrennungen, verursacht durch Starkstromverletzung

Der Zink-Spiegel im Serum zeigte auch hier, bei einem Starkstromverletzten mit 30%igen Verbrennungen, ein maximal reduziertes Niveau bis zum 5. Tag, stieg dann aber plötzlich steil an und pendelte sich anschließend in den Normbereich ein. Gleichzeitig begann die Zink-Ausscheidung im Urin in den Normbereich zurückzukehren. Nach 20tägiger Behandlungsdauer konnte der Patient auf eine Normalstation verlegt werden.

Kurz vor dem plötzlichen Anstieg des Zink-Spiegels hatte der Patient einen Kortisonstoß von 200 mg Prednisolon erhalten. Es weisen mehrere Arbeiten darauf hin, daß der Zink-Stoffwechsel einer glukokortikoiden Steuerung unterliegt und möglicherweise ein enger Zusammenhang zwischen hypothalamo-hypophyser-adrenalen Streßreaktionen und Zinkmobilisation besteht [6, 14–17].

Wegen des hohen Zink-Verlustes während der Intensivtherapie haben wir bei 9 weiteren Patienten, die ebenfalls schwertraumatisiert waren und von denen gleichfalls 7 längere Zeit beatmet werden mußten, täglich 50 mg Zink in Form von Aspartat substituiert.

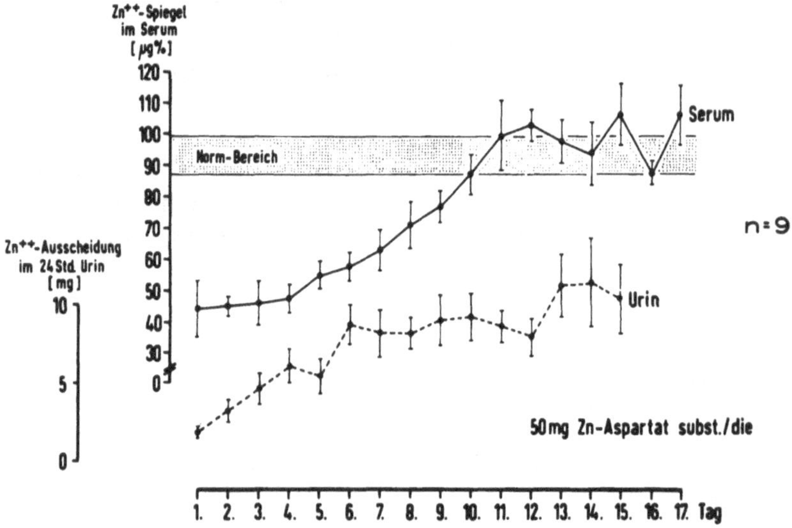

Abb. 6 Das Verhalten des Serum-Zink-Spiegels und die Zink-Ausscheidung im Urin unter täglicher 50 mg Zink-DL-Aspartat-Substitution bei operativen Intensivpatienten

Auf diese Zink-Substitution hin erhöhte sich der Zink-Spiegel im Serum von Anfang an kontinuierlich und erreichte am 10. Tag den Normbereich. Dagegen stieg die Zink-Ausscheidung im Urin im Gegensatz zur nichtsubstituierten Gruppe um etwa 60% an. Nebenwirkungen während dieser Zink-Substitution haben wir nicht festgestellt. Ein blutzuckersteigernder Effekt war ebenfalls nicht zu beobachten.

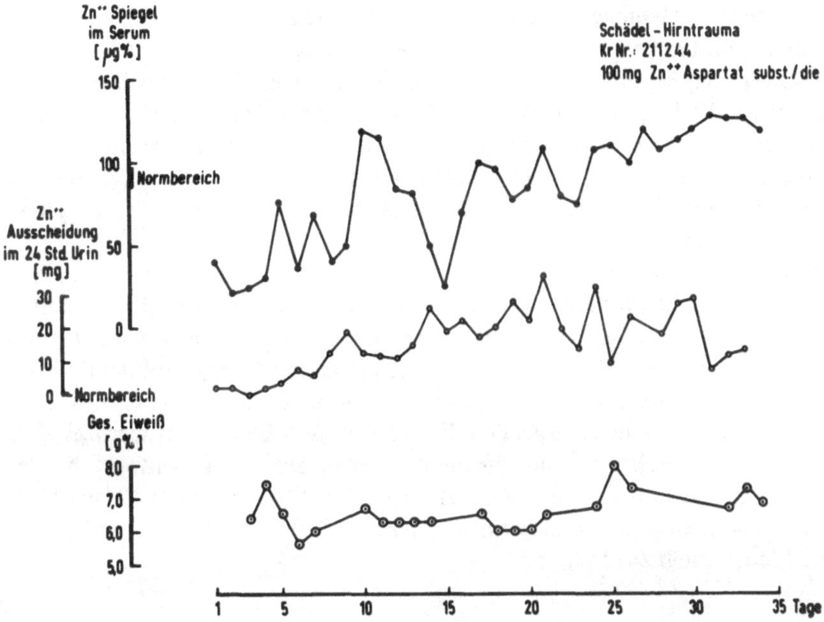

Abb. 7 Langzeittherapie mit 100 mg Zink-DL-Aspartat, unter Kontrolle des Serum-Zink-Spiegels, der Zink-Ausscheidung im Urin und des Gesamteiweißes

Bei einem schweren Schädel-Hirn-Trauma haben wir unsere Therapie auf 100 mg Zink-Aspartat erhöht und dies 34 Tage bei ständiger Kontrolle des Zink-Spiegels durchgeführt. Gleichzeitig wurde das Gesamteiweiß im Serum täglich mit erfaßt. Während der ersten 10 der über 25 Tage anhaltenden Bewußtlosigkeit mußte der Patient beatmet werden.

Infolge eines zerebralbedingten starken Kababolismus tritt häufig eine ausgeprägte Hypoproteinämie auf, die nur sehr schwer zu beherrschen ist. In diesem Fall kam es unter genügender Zink-Substitution nicht zum Abfall des Gesamteiweißes, obzwar der täglich bestimmte Hämatokrit-Wert sich nicht geändert hatte und sich unsere Therapie, abgesehen von der Zink-Substitution, weder qualitativ noch quantitativ von dem Behandlungsschema anderer Schädel-Hirn-Verletzter unterschied.

Dies bedeutet, auch in Anlehnung an andere Publikationen, daß das zugeführte Zink einerseits den Katabolismus bremst und andererseits die Proteinsynthese fördert. Außerdem wird das übermäßige Zink bei normaler Nierenfunktion vom Körper eliminiert. Da aber bei parenteraler Applikation die physiologische Regulation der Darmresorption umgangen wird, muß man bei ungenügender Nierenfunktion mit Kumulation rechnen. Eine Kontraindikation für die Zinkzufuhr

stellen unserer Meinung nach die gleichen Krankheitsbilder dar, die auch die Kaliumzufuhr limitieren, z. B. das akute Nierenversagen. In diesem Fall steigt der Zink-Spiegel im Serum sehr schnell weit in den pathologischen Bereich an.
Obzwar wir die Folgen einer Hyperzinkämie noch nicht kennen und die Symptomatik, abgesehen von allgemeiner Lethargie und Diarrhöen, auf den allgemeinen Stoffwechsel im einzelnen noch nicht genügend untersucht wurde, müssen wir auch bei einer Überdosierung wahrscheinlich mit erheblichen Stoffwechselstörungen rechnen.
Anhand unserer Beobachtungen läßt sich feststellen, daß der Körper schon während komplikationslosen, postoperativen Verlaufs, aber in noch weit stärkerem Maße unter Langzeit-Intensivtherapie das lebenswichtige essentielle Bioelement Zink verliert. Der exzessive Zinkverlust während Langzeit-Intensivtherapie führt ohne Substitution unweigerlich zu einem Zusammenbruch des Zinkstoffwechsels mit schwerwiegenden Folgen auf den Gesamtstoffwechsel. Aus diesem Grunde erscheint es uns für die Intensivtherapie empfehlenswert, bei der parenteralen Ernährung neben den herkömmlichen Elektrolyten und Magnesium auch dieses lebenswichtige Bioelement täglich in Höhe von 0,1–0,2 mg/kg K.G. auf 24 Std. verteilt zuzuführen.

Literatur

[1] Altmann, H., F. Fetter und K. Kaindl: Untersuchungen über den Einfluß von Zn-Ionen auf die m-RNS-Synthese in Chlorellazellen. Z. Naturforschung **23 b**, 395–396 (1968).

[2] Auld, D.S. and B.L. Vallee: Kinetics of Carbocypeptidase A. The pH Dependence of Tripeptide Hydrolysis catalyzed by Zinc, Cobalt and Manganese Enzymes. Biochemistry **9**, 4352–5 (1970).

[3] Bersin, Th.: Biochemie der Mineral- und Spurenelemente. Akad. Verl. Ges., Ffm. 1963.

[4] Bielka, H.: Molekulare Biologie der Zelle. Gustav Fischer Verl., Jena 1969.

[5] Boyett, J.D. and J.F. Sullivan: The effect of oral zinc sulfate on Protein-bound zinc in Serum. Ala. J. Med. Sciences **8**, 124–131, 1971.

[6] Briggs, M.H., M. Briggs and J. Austin: Effects of steroid pharmaceuticals on plasma zinc. Nature (London) **232**, 480–481 (1971).

[7] Carvalho, A.P. and Y. Avivi: Effects of zinc on adenosine triphosphatase activity and superprecipitation of actomyosin from skeletal muscle of rabbit. Arch. Biochem. **113**, 617–28 (1966).

[8] Colman, R.F. and D.S. Foster: The absence of zinc in bovine liver glutamate dehydrogenase. J. Biol. Chem. **245**, 6190–5 (1970).

[9] Constam, G.R., W. Leemann, F. Almasy und A.G. Constam: Weitere Beobachtungen über den Zinkstoffwechsel bei Diabetes mellitus. Schweiz. med. Wschr. **32**, 1104–1109 (1954).

[10] Creighton, D.J. and D.S. Sigman: A model for alkohol dehydrogenase. J. Am. Chem. Soc. **93**, 6314–6 (1971).

[11] Davies, I.J.T.: The clinical significance of the essential biological metals William Heinemann Medikal Books Ltd., London 1972.

[12] Davies, J.T., M. Musa and T.L. Dormandy: Measurements of plasma zinc. J. clin, Path. **21**, 359–365 (1968).

[13] Donaldson, J., T. St.-Pierre, J. Minnich and A. Barbeau: Seizures in rats associcated with divalent cation inhibition of $Na^+ - K^+$ – ATP'ase. Can. J. Biochem. **49**, 1217–1224 (1971).

[14] Dorn, F. und Th. Günther: Zur hormonalen Regulation des Zn-Stoffwechsels. Z. klin. Chem. u. klin. Biochem. **6**, 618–620 (1970).

[15] Flynn, A., W.H. Strain and W.J. Pories: Corticotropin dependency on zinc ions. Biochem. a. Biophys. Res. Comm. **3**, 1113–1119.

[16] Flynn, A., W.H. Strain, W.J. Pories, O.A. Hill and R.B. Fratianne: Rapid serum-zinc depletion associated with corticosteroid therapie. Lancet **2**, 1169–1172 (1971).

[17] Fox, M.R.S.: The status of zinc in human nutrition. World Rev. Nutr. Diet. **12**, 208–226 (1970).

[18] Fujioka, M. and I. Liebermann: A Zn^{++} Requirement for synthesis of deoxyribonucleic acid by rat liver. J. Biol. Chem. **239**, 1164–1167 (1964).

[19] Gyurkovits, K.: A cink biologiai jelentösege. Orvoskepzes **46**, 19–28 (1971).

[20] Halsted, J.A. and J.C. Smith: Serum-Zink-Spiegel als Gesundheitskontrolle. Lancet 1970, I. 322.

[21] Halsted, J.A.: Human zinc deficiency. Trans. Am. clin. Climat. Assoc. **82**, 170–176 (1970).

[22] Henzel, J.H., M.S. DeWeese und E.L. Lichti: Zinc concentrations within healing wounds. Arch. Surg. (Chicago) **100**, 349–57 (1970).

[23] Iweibo, I. and H. Weiners: Role of zinc in horse liver alcohol dehydrogenase. Coenzyme and substrate binding. Biochemistry **6**, 1003–1010 (1972).

[24] Kahn, A.M. and H.E. Gordon: Alterations of zinc metabolism following surgical operations. Surg. Gynec. Obstet. **128**, 88–90 (1969).

[25] Karlinskij, W.M. und P.A. Roomere: Zinkgehalt im Blutserum und im Urin bei chronischen Lebererkrankungen (Soderzhanije zinka w syworotke krowi i motsche pri chronitscheskich zabolewanijach petscheni). Ter. Arkh. **37**, 93 (1965).

[26] Keleti, T., S. Györgyi, M. Telegdi and H. Zaluska: Studies on D-Glyceraldehyde-3-phosphate dehydrogenases. XIX. The role of the Zn-Ions of the enzyme. Acta Physiol. Acad. Sci. Hung. **22**, 11–19 (1962).

[27] Krainick, H.G., B. Müller-Hill, F.W. Struwe, H. Sund und K. Wallenfels: Zink im Harn bei juvenilem Diabetes mellitus und bei Ketonämie. Klin. Wschr. **21**, 1132–1137 (1961).

[28] Lavy, U.I.: The effect of oral supplementation of zinc sulphate on primary wound healing in rat. Brit. J. Surg. **3**, 194–196 (1972).

[29] Lawhorn, T.I. and H.H. Stone: Oral zinc therapy in thermal burns. Sth med. J. **12**, 1538–39 (1971).

[30] Lichti, E.L., M. Turner, J.H. Henzel and M.S. DeWeese: Wound fluid zinc levels during tissue repair. Am. J. Surg. **121**, 665–667 (1971).

[31] Lichti, E.L., J.A. Schilling and H.M. Shurley: Wound fluid and plasma zinc levels in rats during tissue repair. Sequential determination using surgically implanted stainless steel wound cylinders. Amer. J. Surg. **123** 253–256 (1972).

[32] Lindeman, R.D., R.G. Bottomley, R.L. Cornelison and L.A. Jacobs: Influence of acute tissue injury on zinc metabolism in man. J. Lab. Clin. Med., **79**, 452–460 (1972).

[33] Mikac-Devic, A.: Methodology of zinc determinations and the role of zinc in biochemical processes. Adv. Clin. Chem. **13** 271–333 (1970).

[34] Mischel, W. und R. Dreher: Der Zinkstoffwechsel in der Schwangerschaft. Med. Welt **32**, 1594–1600 (1963).

[35] Nielsen, S.P. and B. Jemec: Zinc metabolism in patients with severe burns. Scand. J. Plast. Reconstr. Surg. **2** 47–52 (1968).

[36] Pfeilsticker, K.: Spurenelemente in Organen und Urin bei Krebs. Z. klin. Chem. **5**, 145–176 (1965).

[37] Pories, W.J., E.W. Schear, D.R. Jordan, J. Chase, G. Parkinson, R. Whittaker, W.H. Strain and Ch. Rob: The measurement of human wound healing. Surgery **59** 821–824 (1960).

[38] Prasad, S.A.: Zinc Metabolism. Charles C. Thomas Publisher, Springfield 1966.

[39] Prince, R.H. und P.R. Woolley: Die Funktion des Metall-Ions in der Carboanhydrase. Angew. Chem. **84** 461–471 (1972).

[40] Rea, W.J., R.R. Ecker and W.L. Sugg: Zinc in Cardiac surgery. J. surg. Res.: **12**, 164–167 (1972).

[41] Rechenberger, J. und W. Wegner: Zur Physiologie und Pathologie des Zinkstoffwechsels. 1. Physiologische Grundlagen des Zinkstoffwechsels Dtsch. Ges. Wesen **38**, 1757–1761 (1961).

[42] Rothe, K., K. Piskazeck und K. Biler: Das Serumzink in der normalen Schwangerschaft sowie bei Früh- und Spättoxikosen. Archiv. f. Gyn. **192**„ 349–364 (1960).

[43] Shapiro, S. and V. Siskind: Zinc and healing. The Lancet. Nov. 1970, page 1132.

[44] Slater, J.P., A.S. Mildvan and L.A. Loeb: Zinc in DNA Polymerases. Biochem. Biophys. Res. Commun. **44**, 37–43 (1971).

[45] Theuer, R.C. and W.G. Hoekstra: Oxidation of ^{14}C-labeled Carbohydrate fat and Amino Acid Substrates by Zinc-deficient Rats. J. Nutr. **89**, 448–454 (1966).

[46] Turk, D.E.: Nucleic acid metabolism and zinc deficiency in the chick. Pultry Sci. **45**, 608 (1966).

[47] Weise, H.J., K. Pfeilsticker und G. Wiegandt: Spektralanalytische Untersuchungen über die Zinkausscheidungen im Harn bei neoplastischen und benignen inneren Erkrankungen. Verh. Deutsch. Ges. Inn. Med. **70**, 358–62 (1964).

[48] Wolansky, D. und W. Weise: Zinkgehalt der Granulozyten beim Korpuskarzinom des Uterus. Zbl. Gynäk. **11**, 337–340 (1971).

[49] Wolff, H.P.: Untersuchungen zur Pathophysiologie des Zinkstoffwechsels. Klin. Wschr. **15/16**, 409–418 (1956).

Diskussion

Kaczmarczyk: Sie haben natürlich hier, genau wie bei Magnesium, auch das große unbekannte Darmreservoir mit im Spiel, d. h., Sie können nicht ausschließen, daß auch in den ersten postoperativen Tagen aus dem Darm, in dem das meiste Zink auch ausgeschieden wird, vermehrt resorbiert wird. Dann wollte ich Sie fragen nach der normalen Zinkausscheidung im Urin. Das habe ich auch im Diapositiv, glaube ich, übersehen, dann den Anstieg postoperativ, und ich wollte auch fragen nach Ihren postoperativen Natriumwerten bzw. Haematokritwerten.

Fodor: Auf die erste Frage. Wie ich schon in meiner Ausführung betont habe, beträgt die Zinkausscheidung im Stuhl 8/9 gegenüber dem Urin, die 1/9 beträgt. Allerdings, wir haben augenblicklich aus technischen Gründen wie auch aus rein apparativen Gründen noch nicht die Möglichkeit, die Zinkausscheidung im Stuhl zu erfassen. Es gibt amerikanische Arbeiten, wie bei *Sandstead*, der bei längerdauernder parenteraler Ernährung über 30 oder 35 Tage auch die Zinkausscheidung im Stuhl mitbestimmt; seine Werte entsprechen etwa ebenfalls 8/9 gegenüber dem Urin mit 1/9. Was die postoperativen Verhältnisse betrifft, so sind etliche Diskussionen darüber im Gange, gerade auch jetzt in Mexiko. Wie sieht unter der postoperativen Behandlung, genauer gesagt unter den ersten drei postoperativen Tagen, die Zinkausscheidung im Stuhl aus, da die Darmtätigkeit vorläufig noch nicht im Gange ist? Es scheint hier keinerlei Kompensation durch die Niere aufzutreten. Zu Natrium und Haematokrit: Beide, Natriumwerte wie auch Haematokritwerte, waren im Normbereich. Und die dritte Frage:

Kaczmarczyk: Die normale Zinkausscheidung.

Fodor: Die normale Zinkausscheidung im Urin beträgt 0,4 bis 0,5 mg pro 24 Stunden. Wir haben einen Normwert bei 30 gesunden Versuchspersonen ermittelt, und dieser liegt bei 0,45 mg ± 0,3. Die Streuung ist also dementsprechend ziemlich hoch.

Lüderitz: Eine praktisch klinische Frage: Wie oft sehen Sie das Zink-Mangel-Syndrom und wie ist die klinische Symptomatik?

Fodor: Postoperativ führen wir Zink zu; aber nicht nur Zink, sondern auch die Spurenelemente sollten wir prophylaktisch berücksichtigen, da wir bei diesen ganz erhebliche Verluste haben. Was die Symptomatik betrifft, so habe ich z. B. eine Verminderung der Wundreißfestigkeit erwähnt, die eindeutig ist. Es liegen 8 oder 9 Arbeiten vor, angefangen von *Hensel* und *Lichti* und *Prassad, Borries* usw. Die haben eindeutig bewiesen, daß unter einem Zinkmangel die Wundreißfestigkeit ganz erheblich herabgesetzt ist. Die Wundheilungstendenzen bzw. Störungen der Wundheilung hängen damit zusammen, ebenfalls z. B. die Dekubitusrate, die weit höher liegt bei denjenigen Patienten, die einen verminderten Zinkspiegel aufweisen. Die klinischen Symptome unter chronischem Zinkmangel, hat *Sandstead* wie *Fox* und andere untersucht. Diese Symptome manifestieren sich als Haarausfall, Hyperkeratosen, Minderwuchs usw.

Eckart: Sie haben als Kriterien für den Zinkmangel Störungen des Kohlenhydrathaushaltes, der Proteinsynthese, des Säurebasen-Haushaltes angeführt und gesagt, daß eine mangelnde Zufuhr von Zink zu schweren Störungen im Gesamtstoffwechsel führt. Ihr einziges Kriterium war aber das Verhalten der Serum-Eiweiß-Konzentration unter Zufuhr von 100 mg Zink pro Tag. Haben Sie Auslaßversuche gemacht oder Stickstoffbilanzen, aus denen hervorgeht, daß Ihre Bilanzen besser wurden, wenn Sie Zink verabfolgten bzw. daß es zu negativen Bilanzen kam, wenn Sie die Zinkzufuhr einstellten?

Fodor: Auf diese Frage kann ich augenblicklich noch nicht genau antworten, da bei uns entsprechende Untersuchungen unter Aminosäurezufuhr mit und ohne Zinksubstitution im Gange sind.

Reinhardt: Noch eine Frage zu dem wirklichen Zinkverlust. Sind Sie denn wirklich sicher, daß Sie Zink verlieren? Sie müßten ja dann doch den Nachweis führen, daß Sie über die ganze Beobachtungszeit wirklich eine Zinkzufuhr von null haben. Diesen Nachweis haben Sie bis jetzt noch nicht angestreten.

Fodor: Es existieren Arbeiten von *Coats*, der Aminosäuren und Plasma untersucht hat, wieviel Zink bei diesen Aminosäure-Infusionen zugeführt wird. Wir wissen ja, daß postoperativ außer unserer parenteralen Ernährung, Elektrolytlösungen, Blut, Plasma usw. in diesen 3 Tagen nichts zugeführt wird. Evtl. kann dieser Zinkmangel unter Intensivpflege beispielsweise weit länger hinausgezögert werden. 15 Tage, 20 Tage, 30 Tage. Wir haben deshalb auch die Untersuchungen von *Coats* wiederholt und wir haben bei Humanalbuminlösung, also PPL-Lösung, eine durchschnittliche Zinkkonzentration von 0,2 mg in 250 ml gefunden. Das ist recht wenig. Die Zinkkonzentration in Blutkonserven schwankt sehr stark. Ich bin auch etwas überfragt jetzt, ich wollte mich mit den Haematologen unserer Blutbank in Verbindung setzen, da diese einen Stabilisator zusetzen, der Zink enthält und diese müßte man natürlich ebenfalls berücksichtigen. Wie die Aminosäuren und sonstigen Elektrolytlösungen aussehen? Das sind doch Lösungen auf der Basis von Aqua bidest, dazu werden die einzelnen Elektrolyte gegeben. Bis jetzt enthalten solche Lösungen, mit Ausnahme von Inzolen, kein Zink.

Günther: Wenn ich recht gehört habe, sprachen Sie davon, daß bei Zinkmangel Störungen auftreten, a) im Kohlenhydratstoffwechsel, b) im Proteinstoffwechsel, vielleicht auch noch etwas anderes. Können Sie mir einmal konkret sagen: Was heißt das eigentlich, wenn Sie sagen: Störung im Kohlenhydratstoffwechsel, Störung im Proteinstoffwechsel? Das würde ich doch gerne einmal hören.

Fodor: Ich muß vorausschicken, daß ich kein Biochemiker bin. Zum Kohlenhydratstoffwechsel: es gibt ja mehrere Enzyme, die direkt oder indirekt durch Zink aktiviert werden, z. B. die Lactatdehydrogenase, die Glutamatdehydrogenase, die Alkoholdehydrogenase. Auch bei der Proteinsynthese z. B. bei der DNS- wie auch bei der RNS-Synthese gibt es neben magnesium- auch zinkabhängige Enzyme. Hier wurden von *Wacker* und *Vallee*, wie auch von *Liebermann* sehr interessante Untersuchungen durchgeführt, bei denen eine Korrelation aufgestellt wurde zwischen der vorhandenen Zinkkonzentration und der Proteinsynthese, der DNS-Synthese wie auch der RNS-Synthese.

Günther: Selbstverständlich ist es jedem Biochemiker geläufig, daß sämtliche Dehydrogenasen Zinkmetallproteine sind. Auch Phosphate enthalten Zink. Bei all diesen Enzymen ist das Zink derartig fest in die Konfirmation des Proteins hineingebunden, daß man mit keiner Macht der Welt das wieder rauskriegt. Bei sämtlichen Kristallisationsprozeduren bleibt das Zink fest drin. Aber deswegen würde ich immer noch einmal gerne hören, welche Störung im Stoffwechsel tritt denn nun auf? Daß ja diese Enzyme mit Zink enthalten, das ist ja eine Binsenweisheit, aber deswegen haben Sie noch nicht gesagt, welche Stoffwechselstörungen auftreten. Und zur Frage des Zinks bei der Proteinbiosynthese. Nun, da gibt es Untersuchungen, daß man nach Injektion von Zink dann den Einbau von aktiven Purinbasen in RNS oder in Protein gemessen hat. Aber die Dosen, die man da 24 Stunden meinetwegen intraperitoneal vor Tötung des Tieres gespritzt hat, die sind sehr massiv. Und die Effekte, die man hinterher gemessen hat, liegen so im $\pm$ 20%-Bereich.

Fodor: Es gibt eine klinische Arbeit von *Heinitz*, der Zink substituiert hat und unter der Zinksubstitution bei Diabetika-Patienten eine Verminderung der Blutzuckerspiegel gesehen hat. *Weitzel* (Tübingen) behauptet das Gegenteil. Er sagt, wenn ich Zink zuführe, und das scheint mir hier eine Frage der Dosierung zu sein, dann sieht er bei verschiedenen Zinkverbindungen einen blutzuckersteigernden Effekt. Bei dem letzten Diabetologen-Symposion in Budapest wurde behauptet, und zwar experimentell bewiesen, daß das zugeführte Zink a) die Blutzuckerspiegel normalisiert beim Diabetikerpatienten und ein direkter Zusammenhang mit Zink besteht: angefangen bei der Insulinfreisetzung bis zu dem Glukoseabbau in der Zelle.

Henneberg: Das ist nun ein neues Kation, was in die Diskussion hineinkommt und mit deutlichen Forderungen. Deshalb ist die Diskussion hier wahrscheinlich nicht so schnell zu Ende zu bringen: 1) Wie hoch ist der Vorrat an Zink im Organismus? D. h. wieviel Tage kann ich 4 oder mehr Milligramm Zink ausscheiden, postoperativ, nach polytraumatisierten Zuständen, ehe irgend ein pathologisches Symptom eintritt? Andererseits muß ich auch fragen, was hätte bei einer Patientin geschehen müssen, die wir 50 Tage lang – über 80 Jahre alt übrigens – 50 Tage lang parenteral ernährt haben und die also nur unbedeutende Mengen in irgendwelchen Verunreinigungen an Zink zugeführt erhalten hat?

Fodor: Der stationäre Vorrat von Zink im Körper liegt zwischen 2 und 3 g. Dieser Wert wurde allerdings in der letzten Zeit mehrmals angezweifelt, er liegt jetzt bei etwa 4 Gramm. Die größten Depots liegen im Knochen, in der Leber, in der Prostata, sehr viel im Haar und in ziemlicher hoher Konzentration in der quergestreiften Muskulatur. Zu der Frage, was hätte mit dieser Patientin geschehen müssen? Ich kann nur sagen, daß die Zinkausscheidung und der Zinkverlust ganz beträchtlich sind, und daß nach meinen Ergebnissen eine Zinkzufuhr gefordert werden muß, weil der Patient tatsächlich in einen Zinkmangel kommt. Wie lange die Depots ausreichen, das ist eine andere Frage. Darüber haben wir bisher keine Untersuchungen gemacht.

Henneberg: Was passiert nun wirklich bei einem Patienten, der einen Zinkverlust hat? Wenn wir hören, daß bei einem Patienten, der insgesamt 60 mg Zink in 10 oder 12 Tagen verliert, eine schwere Eiweiß-Kohlenhydratstoffwechselstörung kommt, dann muß geklärt werden, was eigentlich geschieht und was wir tun müssen. Ich meine: Müssen wir Zink zuführen oder nicht?

Eschner: Man kann natürlich nicht sagen, was passieren muß aufgrund der bisherigen Ergebnisse. Man kann einen ganz praktischen Aspekt streifen, man kann sagen, was passieren kann, und dafür haben wir eine Reihe von Einzelbeobachtungen, die wir auch publiziert haben und die demnächst erscheinen werden, und zwar betreffen die eine Reihe von Einzelbeobachtungen an Patienten mit schweren Hypoproteinämien, die therapieresistent waren gegenüber jeglicher konventioneller Methode. Probiert wurde praktisch alles. Dann haben wir, nachdem das Gesamteiweiß auf Werte von 2,8 bzw. 3,0 abgefallen war, angefangen mit der Zinkzufuhr in den hier wiedergegebenen Dosen von 100 mg pro Tag. Wir haben zeigen können, daß das Zink nach 72 Stunden sich in den Normalbereich erhöht hatte. Z. B. bei einer dieser Patientinnen wurde die zusätzliche Zinkgabe dann vernachlässigt und prompt fiel der Gesamteiweißspiegel wieder ab. Bei diesen Patientinnen handelt es sich samt und sonders um Patientinnen, die einen Endotoxinschock hatten und die ohne diese Zinkgabe mit Sicherheit verstorben wären aufgrund ihrer Hypoproteinämie. Alle diese Patientinnen leben noch. Das darf ich vielleicht als Einzelbeobachtung, die statistisch noch nicht abgesichert ist, die aber als große Felduntersuchung jetzt in der Klinik läuft, beisteuern.

Fodor: Ich kann nur noch hinzufügen, daß dies, was Herr *Eschner* eben mitgeteilt hat, eine Einzelbeobachtung ist, daß wir aber inzwischen 10 solche Beobachtungen im Bereich der Proteinsynthese, d. h. der Zunahme des Gesamteiweißes, gesehen haben. Das sind keine Patienten mit Endotoxinschock, sondern Karzinompatientinnen mit großen Aszites und mit einem Gesamteiweiß im Anfang von etwa 2,8.

Eckart: Habe ich richtig verstanden, die Serum-Eiweiß-Konzentration lag zwischen 20 und 30 g pro Liter?

Fodor: Serumeiweiß von 2,8 bis 3,2 g%.

Eckart: Und ist unter parenteraler Ernährung dann angestiegen?

Fodor: Angestiegen auf 6,8 bis 7,1 g%.

Eckart: In welcher Zeit?

Fodor: Zwischen 5 und 10 Tagen.

Eckart: Haben Sie sonst irgendwelche Maßnahmen getroffen, z. B. Human-

Albumin zugeführt? Ihrer Meinung nach müßte es ja in wenigen Tagen aufgrund einer stark positiven Stickstoffbilanz allein durch die Gabe von Zink zu den geschilderten Veränderungen gekommen sein, was mir persönlich nahezu unglaubhaft erscheint.

Fodorr: Ich habe schon vorher darauf geantwortet. Diese Untersuchungen laufen bei uns noch.

Köhler: Ich darf hier eine Veröffentlichung vorweggreifen, die in Kürze in der Zeitschrift „Die Medizinische Welt" erscheinen wird, sonst hätte ich sie nicht erwähnt. Wir haben seit Jahren mit Herrn Dr. *Böttger* in Offenbach, einem Urologen, die Frage überprüft, ob eine Korrelation zwischen der Spermabeweglichkeit und des Zinkgehaltes im Sperma besteht. Dazu kann ich nun sagen: Der Zusammenhang ist hochsignifikant. Spermen, die nicht beweglich sind, sind hochsignifikant zinkarm. Nur ein Beitrag dazu, was entsteht, wenn Zinkmangel vorliegt.

Günther: Vielleicht kann man noch kurz folgendes dazufügen. Der Zinkgehalt im Serum wird ja sehr gut durch Nebennierenrindenhormone gesteuert. Die Nebennierenrindenhormone sind diejenigen, die den Zinkgehalt mit Zinkverteilung am stärksten mitregulieren. Vielleicht sollten Sie das mal bei Ihren Untersuchungen berücksichtigen, wieweit Sie da direkte Effekte messen oder vielleicht Sekundäreffekte durch irgendwelche Stress-Situationen, durch unterschiedlichen Spiegel von Glukokortikoiden. Mit Glukokortikoiden geht der Zinkspiegel hoch und die Adrenektomie senkt den Zinkspiegel.

Eckart: In den hier vorliegenden Fällen, d. h. im Stress, müßte der Zinkspiegel also eher ansteigen.

Günther: Ansteigen, ja.

Beziehungen zwischen Elektrolytstoffwechsel und Herzrhythmusstörungen

B. Lüderitz, H.-D. Bolte und H. Avenhaus

Der Erregungsablauf des Herzens wird durch das Elektrokardiogramm klinisch faßbar repräsentiert, das eine Resultante darstellt aus Vorhoferregung, atrioventrikulärer Überleitung, Kammererregungsausbreitung und Kammererregungsrückbildung. Bei Elektrolytstörungen kann das EKG charakteristische, diagnostisch verwertbare Abweichungen von der Norm erkennen lassen; die besondere Gefahr liegt in der Entstehung von Herzrhythmusstörungen, die nicht selten einen letalen Krankheitsverlauf zur Folge haben.

Hypokaliämie

Die Hypokaliämie, die gekennzeichnet ist durch eine Serum-Kaliumkonzentration unter 3,6 mval/l gilt als führendes Symtom eines allgemeinen Kaliummangels. Zahlreiche klinische Ursachen kommen hierfür in Betracht (vgl. Tab. 1). Das Hypokaliämie-EKG ist charakterisiert wie folgt (Abb. 1): Abflachung der T-Wellen, Senkung der ST-Strecke, präterminale T-Negativierung, Vergrößerung

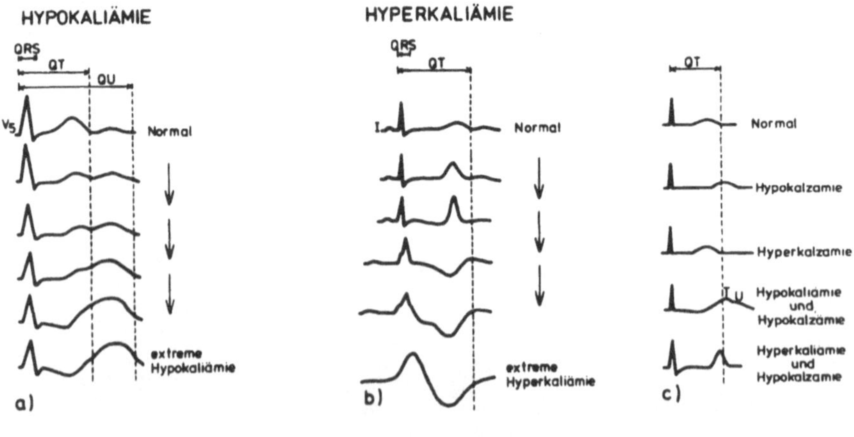

Abb. 1 Veränderungen des Elektrokardiogramms bei Störungen der Kalium- und Calciumkonzentration im Serum. (Einzelheiten siehe Text) [2]

Tabelle 1

Ursachen eines Kaliummangels

1. *Mangelernährung*
   Anorexie, Inappetenz

2. *Gastrointestinale Kalium-Verluste*
   a) Erbrechen
   bei Pylorusstenose, Gastroenteritis
   b) Diarrhoen
   bei Enterocolitis versch. Ursache, Malabsorptionsyndrom, Laxantien-Abusus
   c) Fisteln und Drainagen
   d) Tumoren
   Pancreasadenome, villöses Adenom des Rektums

3. *Renale Kalium-Verluste*
   a) primär renal
   bei Pyelonephritis, „potassium-losing-nephritis“, polyurisches Stadium des akuten Nierenversagens,
   tubuläre Acidose, FANCONI-Syndrom;
   renale Gefäßprozesse;
   Diuretica
   b) hormonelle Ursachen
   Hypercorticismus
   sek. Hyperaldosteronismus (Herzinsuffizienz, Lebercirrhose)
   prim. Hyperaldosteronismus, CONN-Syndrom
   iatrogen
   c) metabolische Ursachen
   negative Stickstoff-Bilanz, Glykogen-Abbau
   osmotische Diurese bei Diabetes mellitus
   metabolische Alkalose

der U-Welle und Überlagerung von T-Wellenende und U-Wellenbeginn (TU-Verschmelzungswelle). Rhythmusstörungen bei Hypokaliämie werden in Form supraventrikulärer und vor allem ventrikulärer Extrasystolen gehäuft beobachtet. Von besonderem klinischen Interesse ist die erhöhte Glykosidempfindlichkeit beim Kaliummangel [vgl. 4].

Als kausale Behandlungsmethode kaliopenischer Rhythmusstörungen hat naturgemäß die Kaliumtherapie zu gelten. Die Dosierung richtet sich nach der Intensität vorausgegangener Verluste und der Schwere der Rhytmusstörung. Bei Abfall des Serum-Kaliums um 1 mval/l ist mit einem Kaliumdefizit von 200 bis 400 mval zu rechnen [6]. Die intravenöse Kaliumtherapie ist bei Therapiebeginn zweckmäßigerweise unter laufender EKG-Kontrolle vorzunehmen. Eine zu rasche Kaliumzufuhr kann selbst bei noch bestehender Hypokaliämie eine iatrogene Kaliumintoxikation hervorrufen. Die Zufuhrgeschwindigkeit bei i.v.-Therapie ist deshalb auf maximal 20 mval/Stunde intravenös limitiert.

Hyperkaliämie

Einer Erhöhung der Serum-Kaliumkonzentration über 5,5 mval/l liegt in den meisten Fällen eine verminderte renale Kaliumausscheidung zugrunde. Solange eine normale Nierenfunktion vorliegt, werden auch extreme exogene Änderungen der Kaliumzufuhr ausgeglichen. Bereits bei geringer renaler Funktionseinschränkung geht die Regulationsbreite verloren und Überschüsse können nicht mehr eliminiert werden [vgl. 5]. Eine Erhöhung der Kaliumkonzentration im Serum über 7,5 mval/l ist als bedrohlich anzusehen. Als letal gelten Werte über 10 mval/l bei großer Streuung im Einzelfall.

Tabelle 2

Ursachen der Hyperkaliämie

Niereninsuffizienz (akut u. chronisch)
Nebenniereninsuffizienz (primär u. sekundär)
Adrenogenitales Syndrom
Azidose
Anaphylaktischer Schock
Intravasale Hämolyse
Adynamia episodica heriditaria

Die Ursachen der Hyperkaliämie sind in der Tabelle 2 dargestellt. Das Hyperkaliämie-EKG (vgl. Abb. 1) ist gekennzeichnet durch eine spitze, symmetrische, relativ schmalbasige T-Welle von normaler oder erhöhter Amplitude. Im weiteren Verlauf kommt es zu QRS-Verbreiterung und Verlängerung der PQ-Zeit bis zum totalen AV-Block als Folge einer verminderten Erregungsleitungsgeschwindigkeit. Ferner kommt es zu einer verminderten Amplitude der R-Zacke und der P-Welle. Bei steigendem Kaliumspiegel verschwinden die P-Wellen eher als die QRS-Komplexe. Voraussetzung für eine regelmäßige Herztätigkeit ist dann das Einsetzen eines untergeordneten Zentrums. Bei noch höheren Kaliumkonzentrationen treten multifokale Ersatzerregungen auf, die Kammertätigkeit ist unregelmäßig bis schließlich Kammerflimmern und dann Kammerstillstand auftreten.

Calcium

Die Serum-Calciumkonzentration des Menschen liegt zwischen 4,8 bis 5,6 mval/l. Nur extrem hohe oder niedrige Calciumkonzentrationen führen am Herzen zu elektrophysiologischen Veränderungen von klinischer Bedeutung. Im EKG

(Abb. 1) führt die Hypercalcämie zu einer Zunahme der QRS-Dauer und begünstigt die Entstehung von Extrasystolen und Kammerflimmern. Bei extremer Hypercalcämie wird fener eine Verlängerung des PQ-Intervalls beobachtet und eine atrioventrikuläre Blockierung II. bis III. Grades. Eine Hypocalcämie geht bei Patienten gewöhnlich nicht mit Erregungsbildungs- und -leitungsstörungen einher [7].

Magnesium

Die Serum-Magnesiumkonzentration des Menschen liegt normalerweise zwischen 1,6 und 2,1 mval/l. Im Tierversuch führt die Erhöhung der extrazellulären Magnesiumkonzentration (über 3 mval/l) zu einer Verlängerung der atrioventrikulären und intraventrikulären Überleitungszeit. AV-Blockierungen bis zum Herzstillstand werden erst bei Magnesiumkonzentrationen über 20 mval/l beobachtet. In der Tabelle 3 sind die EKG-Veränderungen zusammengefaßt, die beim Menschen mit Hypo- bzw. Hypermagnesiämie in Zusammenhang gebracht worden sind. Die Befunde sind jedoch mit Einschränkung zu betrachten, der abnorme Magnesiumspiegel häufig mit anderen Elektrolytstörungen vergesellschaftet sind, im besonderen die Hypomagnesiämie mit einem Kaliummangel, z. B. bei gastrointestinalen Erkrankungen, Leberzirrhose, Diuretikatherapie bei Herzinsuffizienz und Hyperaldosteronismus; ferner die Hypermagnesiämie mit einer Hypkerkaliämie, z. B. bei akuter und chronischer Niereninsuffizienz. Die Glykosidtoleranz wird durch Magnesiumentzug herabgesetzt [vgl. 1].

Tabelle 3

Hypomagnesämie ($<$1,6 mval/l)	*Hypermagnesämie* ($<$ 2,2 mval/l)
ST-Senkung	PQ-Verlängerung
T-Abflachung	QRS-Verbreiterung
T-Negativierung	Bradykardie
QT-Verlängerung	Herzstillstand
Niedervoltage	
Bigeminus	
Kammerflimmern	

EKG-Veränderungen bei Störungen des Magnesiumstoffwechsels (mod. n. LOSSNITZER, 1971)

Es sei schließlich darauf hingewiesen, daß für die klinische Beurteilung von Elektrolytstörungen die zeitliche Entwicklung von wesentlicher Bedeutung ist. Eine akut auftretende Hypokaliämie hat eine wesentlich schwerere klinische Symptomatik zur Folge als ein sich langsam entwickelnder Kaliummangel. Es ist davon

auszugehen, daß durch Normalisierung der Kaliumkonzentration allein noch nicht die vom intra-/extrazellulären Kaliumkonzentrationsgradienten unabhängigen Störungen behoben sind, die im Gefolge einer chronischen Elektrolytstörung entstanden sind.
In diesem Zusammenhang ist auch die klinische Beobachtung zu verstehen, daß Herzrhythmusstörungen, die bei chronischem Kaliummangel entstanden sind, auch nach Normalisierung der extrazellulären Kaliumkonzentration fortbestehen können. Eine Kaliumsubstitution bei chronischen Kaliummangelzuständen sollte auch über die Normalisierung der extrazellulären Kaliumkonzentration hinaus fortgesetzt werden, um einem latenten Kaliummangel vorzubeugen.

Zusammenfassung

Zu den gefährlichsten Komplikationen zahlreicher Herzkrankheiten sind die Herzrhytmusstörungen zu rechnen, die nicht selten einen letalen Krankheitsverlauf bedingen. Für eine effektive Therapie ist die Berücksichtigung der klinisch häufigen, komplizierenden Elektrolytstörungen mit ihren Rückwirkungen auf elektrophysiologische Eigenschaften des Reizbildungs- und -leitungsgewebes sowie das kontraktile Myokard von besonderer Bedeutung. Kardiale Rückwirkungen sind vor allem von Störungen des Calcium-, Magnesium- und Kaliumstoffwechsels zu erwarten. Klinisch wesentlich sind insbesondere die Beziehungen zwischen Kaliummangel und Glykosidempfindlichkeit. Als Grundlage einer rationalen Therapie von Herzrhythmusstörungen bei Elektrolytkrankheiten muß eine korrekte und vollständige Diagnose sowie die Berücksichtigung der krankheitsspezifischen Voraussetzungen gelten.

Literatur

[1] Avenhaus, H.: Rhythmusstörungen des Herzens und Elektrolytstoffwechsel, Monatskurse ärztl. Fortbild. **3**, 116 (1972).

[2] Bolte, H.-D. und B. Lüderitz: Elektrolytstörungen und Erregungsablauf am Herzen aus klinischer Sicht. Herzkreislauf **4**, 170 (1972).

[3] Lossnitzer, K.: Hypo- und Hypermagnesiämie aus kardiologischer Sicht. Klin. Wschr. **49**, 1153 (1971).

[4] Lüderitz, B. und H. Avenhaus: Therapie der Herzinsuffizienz unter besonderer Berücksichtigung iatrogener Komplikationen. Münch. med. Wschr. **112**, 1779 (1970).

[5] Riecker, G.: Störungen des Wasser- und Elektrolytstoffwechsels bei Nierenkrankheiten. In: Handbuch der inneren Medizin VIII/1, Springer-Verlag, Berlin–Heidelberg–New York 1968.

[6] Scribner, B.H. and J.M. Burnell: Interpretation of the serum potassium concentration. Metabolism **5**, 468 (1956).

[7] Surawicz, B.: Arrhytmias and electrolyte disturbances. Bull. N.Y. Acad. Med. **43**, 1160 (1967).

Summary

Among the most dangerous complications of numerous heart diseases are cardiac arrhythmias not seldom resulting in sudden death.
An effective therapy will have to take especially into consideration the clinically often occurring, complicating electrolyte disturbances with their effects on electrophysiological properties of the excitation and conduction tissue as well as of contractile myocardium.
Cardiac effects are likely to occur from disturbances of the Ca^{++}-, Mg^{++}- and K^{+}-metabolism.
Clinically essential are especially the relation between potaasium deficiency and glycoside sensibility.
Fundamental of a rational therapy of cardiac arrhythmias in electrolyte disturbances must be a correct and complete diagnosis as well as the taking into consideration of the special condition pertaining to the disease in question.

Diskussion

Eckart: Sie haben uns gesagt, daß bei einem Abfall der Serumkaliumkonzentration um 1 mval mit einem Kaliumdefizit von etwa 400 mval zu rechnen sei. *Kaul, Schoeppe* und Mitarb. haben in ihren Untersuchungen bei einer ungefähr gleich großen Abnahme der Serumkaliumkonzentration einen um rund 280 mval reduzierten Gesamtkörper-Kaliumbestand gefunden. Warum haben Sie trotz dieser bekannten Zusammenhänge Ihrem 70jährigen Patienten, über dessen Krankheitsbild Sie in der ersten Abbildung berichtet haben, bei bestehender Hypokaliämie nur 20 mval Kalium substituiert?

Kaul, Schoeppe u. Mitarb.: Biophysik. 2, 87, (1964).

Lüderitz: 10 mval.

Eckart: Nein, meine Frage betrifft die erste Abbildung. Wenn der Abfall des Serum-Kaliums um 1 mval pro Liter einem Verlust von mindestens 250 mval Körperkalium entspricht, warum haben Sie im Falle des 70jährigen Patienten nur so wenig Kalium substituiert? Die Ausscheidung dieses Patienten lag doch sicherlich schon erheblich höher und beeinflußt haben Sie vorübergehend im besten Fall den Serum-Kaliumspiegel, aber doch nicht den Kaliumbestand.

Lüderitz: Am ersten Tag wurden 40 mval Kalium, in den kommenden vier Tagen 20 mval Kalium täglich substituiert. Es kam hier nach vorangegangener kurzfristiger (Laxantien-induzierter) Senkung der extrazellulären Kaliumkonzentration darauf an, den intra-/extrazellulären Kaliumkonzentrationsgradienten, der für die Erregbarkeit des Myokards entscheidend ist, weitgehend zu normalisieren. Es stand demnach ein Gradientenproblem mit vitalen Konsequenzen im Vordergrund und nicht die (langfristige) Normalisierung des Gesamtkaliumbestandes. Die Normalisierung des intra-/extrazellulären Kaliumkonzentrationsgradienten wurde durch intravenöse Kaliumzufuhr versucht. Diese ist unter besonderer Vorsicht (initial zweckmäßigerweise unter laufender EKG-Kontrolle) vorzunehmen, da eine zu rasche Kaliumzufuhr selbst bei noch bestehender Hypokaliämie eine iatrogene Kaliumintoxikation hervorrufen kann.

Eckart: Ich muß die Frage noch einmal präzisieren. Sie haben bei einem Kaliummangelzustand 20 mval Kalium substituiert und sagen, daß der Abfall des Serum-Kaliums um 1 mval einem Körperkaliumverlust von etwa 200 bis 400 mval entspricht. Wenn Sie, wie in diesem Fall, nur 20 mval Kalium substituieren, der Patient aber gleichzeitig renal ständig Kalium ausscheidet, dann muß ein Kaliummangel sich selbst unter Ihrer Infusion noch verstärken. Es geht nicht um diese 10 mval, die Sie intravenös gegeben haben durch Infusion, sondern um eine Kaliumsubstitution von 20 mval zur Behandlung eines Kaliummangelzustandes.

Lüderitz: Das ist, wenn ich das so sagen darf, zu sehr von der reinen Bilanzbetrachtung her gesehen. Ich glaube, daß man bei einem Patienten, der ein Kammerflimmern hat und in diesem Zusammenhang auch die Nierenfunktion ganz wesentlich in Mitleidenschaft gezogen wird, daß man da nicht nur allein von diesem, sagen wir mal, Inhalt, den der Körper an Kalium hat, und der Ausscheidung ausgehen kann, sondern man muß tatsächlich das Krankheitsbild insgesamt berücksichtigen. Es soll hier keineswegs damit gesagt werden, daß das eine suffiziente Kaliumsubstitution sei, um solchen Kaliummangelzuständen zu begegnen. Es geht auch jetzt im Moment gar nicht darum, diese 200 mval auszugleichen, wobei wir immer noch nicht genau wissen, wo kommen die her, welche Gewebe sind daran beteiligt und wie ist die Nierenfunktion? Das ist nämlich gerade in diesem Fall noch eine ganz entscheidende Komponente.

Saborowski: Herr *Lüderitz*, seien Sie doch so nett und sagen Sie, wie lange man diese relative Hypokaliämie weiterbehandeln soll. Wenn ich recht Ihre Versuche an der Einzelfaser entsinne, haben Sie genau definierte Zeiträume, wie lange dieser relative Kaliummangel besteht.

Lüderitz: Die Substitutionsdauer ist abhängig von den Veränderungen, die im Rahmen eines chronischen Kaliummangels entstanden sind. Experimentell ließ sich zeigen, daß ein chronischer Kaliummangel zu elektrophysiologischen Veränderungen (Erhöhung des Ruhemembranpotentials, Zunahme der maximalen Anstiegsgeschwindigkeit des Aktionspotentials) führt, die für die Arrhythmiegenese wesentlich sind. Fernerhin findet sich eine Erhöhung der (Na^+ + K^+)-(Membran-)-ATPase-Aktivität. Nach tierexperimentellen Untersuchungen geht die im Gefolge eines chronischen Kaliummangels entstandene ATPase-Aktivitätssteigerung erst nach mehrwöchiger Kaliumsubstitution zurück.

Eckart: Um das noch einmal zu präzisieren: Wieviel Kalium, glauben Sie, muß man beim Vorliegen einer Hypokaliämie, die zu Rhythmusstörungen geführt hat, im genannten Zeitraum zuführen, um den Kaliumbestand eines solchen Patienten zu normalisieren. Eine Empfehlung hierzu wäre für den Kliniker wichtig.

Lüderitz: Naturgemäß ist es sehr schwierig, eine verbindliche Richtdosierung zu nennen, da die Kaliumsubstitution von dem Ausmaß und der Dauer des chronischen Kaliummangels abhängt. Fernerhin können z. B. die Nierenfunktion oder eine gleichzeitig bestehende Glykosidmedikation zu Modifikationen der Kaliumsubstitution Anlaß geben. Grundsätzlich erscheint uns eine orale Substitution von 40–80 mval Kalium pro Tag vertretbar, natürlich unter Berücksichtigung der individuellen Begleitfaktoren und Kontraindikationen.

Eckart: Vorhin haben Sie gesagt, es handele sich hierbei nicht um ein Bilanzproblem. Glauben Sie nicht, daß es richtig wäre, die renale Kaliumausscheidung zu messen und mit der Zufuhr oberhalb der gemessenen Ausscheidung zu bleiben? Ich glaube, das ist richtiger als die Zufuhr auf 40 oder 60 mval Kalium pro Tag zu fixieren. Es gibt ja zweifellos Patienten, die unter bestimmten Voraussetzungen erheblich mehr ausscheiden als 80 oder 100 mval Kalium pro Tag, so daß eine geringere Zufuhr den vorhandenen Kaliummangel nicht beseitigen kann. Ich würde empfehlen, zur Überwindung von Kaliummangelzuständen zunächst einmal festzuhalten, wieviel Kalium ausgeschieden wird, um dann eine positive Bilanz anzustreben.

Vogt: Ich möchte Herrn *Lüderitz* fragen, ob die Menge von 20 mval Kalium pro Stunde absolut gilt oder nur für chronische Kaliumverluste? Ich erinnere mich an eine Patientin mit einem Koma diabeticum, die wir mit entsprechendem Insulin behandelt haben, wo wir uns aber nicht getraut haben, mehr als 20 mval Kalium pro Stunde zu geben, mit dem Effekt eines Exitus, wie mir später gesagt wurde, infolge zu langsamer Kaliumzufuhr. Ich halte die Frage für sehr wesentlich und würde Sie da um Stellungnahme bitten.

Lüderitz: Dieser spezielle Fall kann sicherlich von verschiedenen Seiten gesehen werden. Es sei aber darauf hingewiesen, daß das Risiko einer zu raschen intravenösen Kaliumzufuhr besonders hoch ist. Die Zufuhrgeschwindigkeit bei intravenöser Kaliumzufuhr sollte daher grundsätzlich auf maximal 20 mval/Stunde limitiert sein.

Eckart: Die Kaliumsubstitution pro Zeiteinheit hängt entscheidend vom Verlust ab. Haben wir einen Patienten, der beispielsweise 300 mval Kalium in 24 Stunden verloren hat – es gibt sicherlich Intensivpatienten, die große Mengen Kalium nicht nur im Urin, sondern auch über mehrere Drainagen bzw. über den Darm verlieren –, dann muß die Kaliumzufuhr pro Zeiteinheit entsprechend hoch liegen. Schon 20 mval Kalium pro Stunde werden sie aber praktisch nie zuführen müssen, da hiermit bei gleichbleibender Infusionsgeschwindigkeit ja bereits über 400 mval in 24 Stunden zugeführt würden.

Henneberg: Unsere Erfahrungen von der Anaesthesie gehen doch dahin, daß wir nicht diese Richtlinie einhalten können. Wenn wir einen Pat. bekommen, der tagelang massives Erbrechen hat und ein Kalium von 1 oder 2 mval/l im Serum, dann müssen wir nach den Zahlen, die Herr *Eckart* nannte, doch einen erheblichen totalen Kaliumverlust von einigen Hundert mval annehmen. Wir haben hier weit mehr als 20 mval Kalium pro Stunde infundiert und hier nur mit Mühe den Kalium-Serumwert so anheben können, daß der Patient operationsfähig geworden ist.

Eckart: Bei der intravenösen Kaliumzufuhr bleibt außerdem zu beachten, in welchen Lösungen Kalium zugeführt wird. Wir führen häufig Kalium im Rahmen einer vollständigen parenteralen Ernährung zu, d. h. zusammen mit hochprozentigen Kohlenhydratlösungen, Aminosäurelösungen und Insulin und fördern damit automatisch den Kaliumeintritt in die Zellen.

Bayer: Wieweit ist das eigentlich auch vom Körpergewicht abhängig, denn die Substitutionsmenge ist im Kindesalter z. B. sicher eine andere als im Erwachsenenalter. Sie sprechen ja jetzt vorwiegend von der Erwachsenenintensivmedizin.

Lüderitz: Die mitgeteilten Zahlen und Beobachtungen beziehen sich auf die Erwachsenenmedizin und sind sicher nur partiell auf pädiatrische Verhältnisse zu übertragen. Für den Wasser- und Elektrolythaushalt allgemein ist vor allem der Wassergehalt des Körpers wesentlich, der bei erwachsenen Menschen ca. 60% des Körpergewichts beträgt. Dabei entfallen 35% auf den Intra- und 25% auf den Extrazellulärraum.

Reinhardt: Herr *Lüderitz*, können wir uns nicht folgendermaßen verständigen? Die Infusionsgeschwindigkeit übersteigt nicht 20 mval pro Stunde, warum? Sie müssen eine Verteilungscharakteristik des Kaliums abwarten, damit Sie nicht akut den Gradienten überhöhen oder verändern. Wir bestimmen die Gesamtkaliumverluste pro die und messen dann, was Herr *Eckart* gesagt hat, die Kaliumzufuhr dem an. Wir müßten jetzt nur noch diskutieren, mit welcher Geschwindigkeit über die Zeit gesehen soll das möglicherweise abschätzbare Gesamtdefizit ausgeglichen sein? Wenn wir uns da noch drüber einigen könnten, dann hätte man wahrscheinlich ein vernünftiges Schema für akute und chronische Situationen angegeben.

Lüderitz: Unseres Erachtens sind zwei Dinge zu unterscheiden: Einmal die Gesamtkaliumverluste und ihre Therapie als Bilanzproblem, und zum anderen die akute Änderung des intra-/extrazellulären Kaliumkonzentrationsgradienten mit konsekutiven Herzrhythmusstörungen, die eine kontrollierte intravenöse Kaliumzufuhr notwendig machen, die dann der unmittelbaren Therapie der Arrhythmien dient, ohne aber das Gesamtkaliumdefizit des Organismus ausgleichen zu können. Eine am Gesamtkaliumdefizit orientierte Substitution sollte ohnehin möglichst durch orale Kaliumgabe erfolgen, da durch den Resorptionsvorgang ein zu schneller Anstieg der Serum-Kaliumkonzentration vermieden wird.

Eckart: Ich habe vorgeschlagen, zur Behandlung von Elektrolytmangelzuständen Ein- und Ausfuhr der betreffenden Substanz zu messen und eine Bilanz zu erstellen. In diesem in der Klinik üblichen Bilanzverfahren substituieren wir ja zwangsläufig Verluste, die in Abhängigkeit von der jeweiligen Sammelperiode bereits 12 oder 24 Stunden vorher erfolgt sind, d. h. selbst wenn Sie 240 mval in 24 Stunden zuführen, sind in derselben Zeiteinheit schon wieder neue Verluste aufgetreten. Sie werden also in jedem Fall längere Zeit brauchen, um den Körperkaliummangel zu beseitigen.

Lüderitz: Darf ich eine Bemerkung zu dem machen, was Sie auch vorhin gesagt haben hinsichtlich der Bilanzbetrachtung. Es kommt uns bei der Beherrschung von Rhythmusstörungen wirklich darauf an, kurzfristig diese Rhythmusstörungen zu beheben, und da ist mit einer längerfristigen Bilanz zunächst einmal nichts zu machen. Da haben Sie gerade etwas sehr wesentliches im Hinblick auf diese Arrhythmiebehandlung gesagt, nämlich mit dem Kohlenhydratstoffwechsel. Wir geben ja gelegentlich bei Arrhythmien im Anschluß an einen Myokardinfarkt Insulin. Da sind es hinsichtlich der Gesamtbilanz minimale Dosen, die wir geben, also etwa 20 mval Kalium, dann 12 Einheiten Alt-Insulin und 500 ccm 5%ige oder 10%ige Glukose. Mit diesem Gemisch gelingt es dann sehr häufig, die Rhythmusstörung akut zu beherrschen, ohne daß das jetzt wieder eingeht oder wesentlich eingeht in die Gesamtbilanz.

Eckart: Das sind sicherlich zwei unterschiedliche Probleme. Einmal eine Akutbehandlung, zum anderen die Normalisierung des Körperkaliumbestandes. In welcher Form haben Sie ihr Kalium gegeben? Uns interessiert ja heute, ob sie Wirkensunterschiede gesehen haben zwischen Kalium- und Magnesium-Aspartat oder Kaliumchlorid bzw. Kaliummalat.

Lüderitz: Naturgemäß ist die Kaliumtherapie die kausale Behandlungsmethode kaliopenischer Rhythmusstörungen. Zur Beherrschung dieser Arrhythmien haben wir Kalium als Kaliumchlorid verwendet.

Wirkung von Inzolen auf die aktiven Phosphate während chirurgischer Eingriffe

Ch. Stolz und W. Heller

Wir beschäftigen uns seit mehreren Jahren mit der Untersuchung von Stoffwechselveränderungen operativer Krankheitsbilder und deren therapeutischer Beeinflussung. Das Schwergewicht der Untersuchungen lag dabei auf der Erfassung der einzelnen Parameter des Fettstoffwechsels (unveresterte Fettsäuren, veresterte Fettsäuren, freies Glycerin, Gesamtglycerin, Neutralfett, Gesamtcholesterin, freies und verestertes Cholesterin, Phosphatide, Lipoidphosphor, ß-Lipoproteide und Gesamtlipide), verschiedener, uns spezifisch erscheinender Enzyme (LDH und LDH-Isoenzyme, Transaminasen und Γ-GT), zusätzlich zu den Routineelektrolyten die Bestimmung von Magnesium und Lithium, schließlich führen wir in jüngster Zeit ATP-Bestimmungen durch und erfassen die Metaboliten Pyruvat und Lactat. Diese Untersuchungen haben wir bisher im wesentlichen bei Polytraumatisierten, schweren Schädel-Hirn-Traumen und Intensivpflegepatienten jeglicher Art durchgeführt. Wir konnten dabei vor allem im Bereich des Fettstoffwechsels deutliche Veränderungen feststellen, die unseres Erachtens vor allem auf einer Reduzierung der energiefordernden Stoffwechselschritte beruhen.

Neben diesen vom Standpunkt der Intensivpflege wichtigen Veränderungen interessieren den Anaesthesisten natürlich besonders auch jene Stoffwechselbeeinträchtigungen, die sich im Verlauf einer Narkose und eines operativen Eingriffes ergeben. Denn dabei kommt es einerseits zu den narkotikabedingten Depressionen gewisser Organfunktionen, wie z. B. die Abnahme des HZV unter Halothan, andererseits bahnen sich bereits intraoperativ jene, vor allem den Stoffwechsel erfassenden, streßbedingten typischen Reaktionsabläufe an, die *Moore* in eine adrenergisch-kortikoide Phase sowie eine frühe und eine späte Erholungsphase eingeteilt hat. Insbesondere während der ersten drei Tage, in der sog. adrenergisch-kortikoiden Phase, kommt es neben einer Oligurie und einer negativen Stickstoffbilanz mit Verlusten von 5–15 g Stickstoff/Tag zu einer negativen Kaliumbilanz infolge vermehrter Kaliumausscheidung im Urin, die Werte von 70–150 mval/die erreichen kann, bei gleichzeitigem Rückgang der Natriumausscheidung.

Aufgrund unserer bisherigen Untersuchungen interessierte uns aus dem Spektrum der genannten Veränderungen vor allem die deutliche Hypokaliämie und die immer vorhandene mehr oder weniger ausgeprägte Katabolie in der frühen postoperativen und posttraumatischen Phase und deren mögliche Beeinflussung bereits während des operativen Geschehens. In verschiedenen Publikationen ist in den letzten Jahren mitgeteilt worden, daß es nach der Gabe von Kalium-Magnesium-Aspartat zu einem beschleunigten und im Gegensatz zur Verabreichung in der Chlorid- oder Lactatform wesentlich verbesserten intrazellulären Einbau des Kaliums kommt, und zwar über eine Aktivierung gewisser Zwischenstufen des Citronensäurecyclus mit Verbesserung der ATP-Synthese, Aktivierung der ATPase und damit letztlich über eine Aktivierung des Energie verbrauchenden Carrier-Mechanismus zum aktiven Transport des Kaliums in die Zelle entgegen dem Konzentrationsgefälle. Gleichzeitig soll es dadurch zu einem Wiederaufbau des durch die Transmineralisationsvorgänge gestörten elektrischen Membranpotentials von etwa 90 mV kommen, also eine Stabilisierung des extra-intrazellulären Elektrolytgefälles herbeigeführt werden.

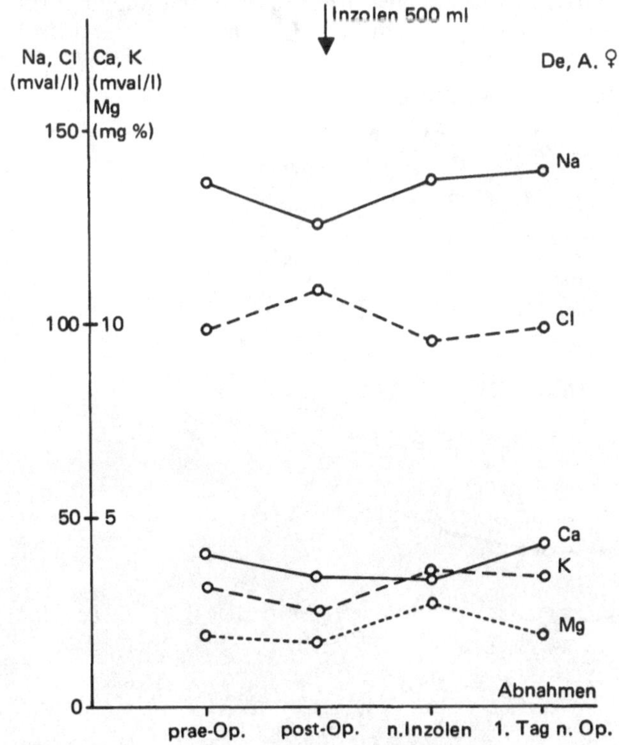

Abb. 1 Verhalten der Serumelektrolyte während einer Operation und bei postoperativer Infusion von Kalium-Magnesium-Aspartat

In einer ersten Untersuchungsreihe prüften wir daher das Serumelektrolytverhalten unter Einschluß von Magnesium und Lithium in der peroperativen und

frühen postoperativen Phase, indem wir das Verhalten der einzelnen Elektrolyte einerseits nach alleiniger postoperativen und andererseits nach prae- und unmittelbar postoperativer Gabe von Kalium-Magnesium-Aspartat untersuchen.
Es ist zu erkennen, daß es während der Operation unter Ausschluß etwaiger Veränderungen durch elektrolythaltige Infusionen zu einem leichten Abfall der Kationen kommt, der durch die Gabe von Kalium-Magnesium-Aspartat nach der postoperativen Elektrolytkontrolle deutlich abzufangen ist. Betrachtet man isoliert das Kaliumverhalten, so ist auffällig, daß dessen Wert durch die einmalige Inzoleninfusion deutlich über das erniedrigte Ausgangsniveau angehoben werden kann und daß dieser Therapieerfolg auch noch über 12 Stunden nach der Infusion am ersten postoperativen Tag nachweisbar bleibt. Allerdings ist zu berücksichtigen, daß bei der Serumkaliumbestimmung nur etwa 2% des Gesamtkalium erfaßt werden, so daß uns eine Aussage über den intrazellulären Kaliumgehalt, den eigentlich interessierenden Wert, nicht möglich ist.

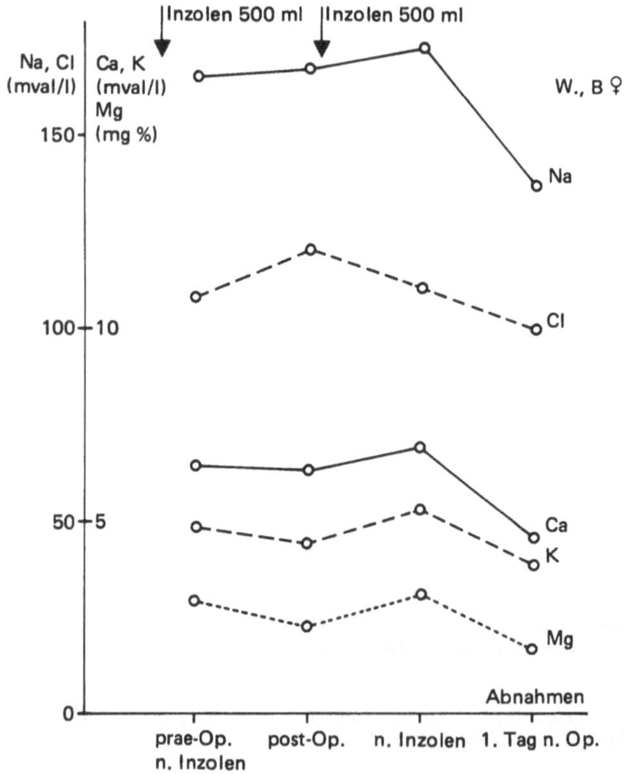

Abb. 2 Verhalten der Serumelektrolyte bei prae- und postoperativer Infusion von Kalium-Magnesium-Aspartat

Betrachtet man jedoch das Serumkaliumverhalten nach zweimaliger Kalium-Magnesium-Aspartat-Zufuhr, so ist deutlich zu erkennen, daß es nach der zweiten Infusion zu einem Serumkaliumabfall kommt. Bei nicht vermehrter Urinkaliumausscheidung können wir diesen Befund nur so erklären, daß es zu einem beschleunigten und verbesserten intrazellulären Kaliumeinbau kommt.
Wie bereits erwähnt, ist für einen ausreichenden intrazellulären Kaliumeinbau die Bereitstellung genügender Mengen energiereicher bzw. energieliefernder Verbindung erforderlich. *Skou, Glynne* und *Post* konnten darüber hinaus in Erythrozytenmembranen und Nerven eine spezifische Transport-ATPase nachweisen, ein Enzym, das die Eigenschaft hat, von Natrium und Kalium gemeinsam aktiviert zu werden. Dabei steht die Größe der Enzymaktivität in Übereinstimmung mit dem Umfang des Kationentransportes der intakten Zellen. Das Enzym ist an Partikel gebunden und konnte bisher noch nicht rein dargestellt werden. Es ist anzunehmen, daß dieses Enzym ein Bestandteil des intra-extrazellulären Kationentransportmechanismus ist, d. h., daß eine Aktivierung dieses Enzyms den Kationentransport beschleunigt. Dagegen liegt noch keine Bestätigung für die Vermutung vor, daß auch Phosphatidsäuren oder phosphathaltige Eiweiße am aktiven Ionentransport oder der Phosphorylierung von Substraten beteiligt sind.

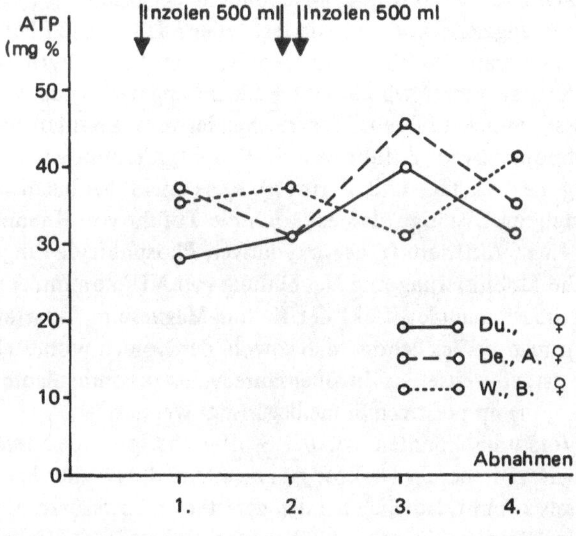

Abb. 3 Verhalten des Serum-ATP bei prae- und postoperativer Infusion von Kalium-Magnesium-Aspartat

Dafür sprechen auch unsere Untersuchungen der Phosphatide und des Lipoidphosphors unter dem Einfluß der Verabreichung von 500 ml Kalium-Magnesium-Aspartat. Hierbei fanden wir bei der Prüfung beider Parameter keinerlei Differenz gegenüber der Leerserie. Hingegen kommt es generell intraoperativ zu einem ATP-Abfall, ein Befund, der durch die narkotikabedingte Senkung aller Stoffwechselprozesse gedeutet werden kann. Nach der unmittelbar postoperativen Gabe von Kalium-Magnesium-Aspartat konnten wir jedoch in allen Fällen einen deutlichen Anstieg des ATP-Spiegels im Plasma erkennen, bei prae- und intraoperativer Kalium-Magnesium-Aspartat-Gabe ließ sich dieser Abfall fast immer abfangen, und es kam darüberhinaus häufig zu einem ATP-Anstieg über den Ausgangswert hinaus. Diesen Effekt des Kalium-Magnesium-Aspartats möchten wir in doppelter Hinsicht deuten:

Auf der einen Seite kommt es durch die Zufuhr von Natrium und Kalium in äquivalenter Menge zu einer Aktivierung der spezifischen Transport-ATPase, wobei wir nicht wissen, ob dieser Effekt durch die Zufuhr in Form des Chelatkomplexes des Kalium-Magnesium-Aspartats begünstigt wird. Auf der anderen Seite geht das Aspartat als integrierender Bestandteil in die Purin- und Pyrmidinsynthese ein und stellt damit eine Vorstufe für die ATP-Biosynthese dar, indem Aspartat an Phosphorriboseinsäure unter Bildung von Phosphorriboseadenylosuccinat angelagert wird, aus dem unter Fumaratabspaltung AMP entsteht. So wird also nicht nur die ATP-Freisetzung durch die Aktivierung der ATPase gefördert, sondern darüber hinaus auch die aktive ATP-Neubildung begünstigt.

In einer weiteren Untersuchungsserie konnten wir feststellen, daß es auch beim Stoffwechselgesunden intraoperativ zu einem Anstieg des Lactat- und Pyruvatspiegels kommt. Diesen Anstieg müssen wir auf eine Reduzierung der oxydativen Phosphorrylierungsprozesse zurückzuführen. Überraschenderweise konnten wir nach der prae- und intraoperativen Zufuhr von Kalium-Magnesium-Aspartat einen derartigen Anstieg des Lactat- und Pyruvatspiegels nicht beobachten. Damit wird unsere Vorstellung bestätigt, daß es durch die Zufuhr von Kalium-Magnesium-Aspartat zu einer Aktivierung der oxydativen Phosphorrylierungsprozesse bedingt durch die Mobilisierung und Neubildung von ATP kommt. Auf diese Weise ist auch der quasi anabole Effekt der Kalium-Magnesium-Aspartat-Zufuhr zu erklären, wenn man berücksichtigt, daß sowohl der Kohlenhydrat- als auch der Eiweiß- und Fettstoffwechsel im Zitronensäurecyclus zusammenlaufen und durch dessen Ankurbelung im positiven Sinne begünstigt werden.

In einer ausgedehnten Vorstudie konnten wir bei Stoffwechselgesunden feststellen, daß es grundsätzlich während der Narkose zu einem Abfall fast aller Parameter des Fetfstoffwechsels kommt, lediglich bei den veresterten Fettsäuren und beim Gesamtcholesterin zeigte sich ein altersabhängiges uneinheitliches Verhalten. Wir möchten diesen Abfall der genannten Parameter des Fettstoffwechsels in den Rahmen der narkosebedingten Dämpfung des Gesamtstoffwechsels einordnen. Wie eben bereits berichtet, können wir unter dem Einfluß von Kalium-Magnesium-Aspartat bei den Phosphatiden während der Narkose keinen Abfall feststellen. In Einzelfällen sahen wir sogar einen geringfügigen Anstieg über den Ausgangswert, dieser ist jedoch in der Regel 24 Stunden nach der Operation wieder erreicht. Ähnlich verhält sich das Gesamtglycerin, das gegenüber der Leerserie gleichfalls keinen Abfall zeigt. Wir sind uns darüber im klaren, daß insbesondere diese Untersuchungen der einzelnen Parameter des Fettstoffwechsels der Nachprüfung und der Kontrolle durch die Erfassung weiterer Stufen des Intermediärstoffwechsels bedürfen, doch glauben wir heute schon sagen zu können, daß als Erklärung der beschriebenen Veränderungen nach der Verabreichung von Kalium-Magnesium-Aspartat eine Aktivierung der oxydativen Phosphorrylierungsprozesse am wahrscheinlichsten ist.

Zusammenfassend können wir feststellen, daß aufgrund unserer Untersuchungen der wesentliche Angriffspunkt des Kalium-Magnesium-Aspartats in seiner positiven Beeinflussung des Energiestoffwechsels zu suchen ist. Diese Beeinflussung wirkt sich in zwei Richtungen aus:

Erstens kommt es zu einer Aktivierung der ATP-Biosynthese durch Eingehen des Aspartats in die AMP-Bildung. Die Folge davon ist eine Ankurbelung der oxydativen Phosphorrylierungsvorgänge und dadurch eine Dämpfung des postoperativen und posttraumatischen Katabolismus.

Zweitens führt die Aktivierung der transportspezifischen ATPase in den Zellmembranen zu einem beschleunigten und verbesserten intrazellulären Kaliumeinbau und dadurch zu einer günstigen Beeinflussung der postoperativen und posttraumatischen Transmineralisationsvorgänge.

Da es unser vornehmstes Interesse sein muß, bei dem durch vielfältige Ursachen in seinem Energie- und Stoffwechselhaushalt gestörten oder gefährdeten Patienten die intrazellulären und Membranverhältnisse zur Aktivierung des Energiehaushaltes zu verbessern oder zu normalisieren, sehen wir neben den bekannten Behandlungsverfahren in der Verabreichung von Kalium-Magnesium-Aspartat einen wesentlichen Faktor in der Erreichung dieses Zieles und verwenden es deshalb aufgrund unserer guten klinischen Erfahrungen und unserer experimentellen Überprüfung grundsätzlich bei allen Patienten, die sich einem größeren chirurgischen Eingriff unterziehen mußten.

Diskussion

Günther: In welchen Zellen haben Sie das ATP bestimmt? Im Serum gibt es kein ATP. Erythrozyten haben keine Mitochondrien und dort gibt es keinen Zitronensäurezyklus.

Stolz: Wir haben das ATP im Vollblut bestimmt. Es lassen sich aber doch Äquivalente des Stoffwechsels nachweisen, sonst hätte es nicht die Differenzen gegeben. Es sind ja eindeutige und reproduzierbare Differenzen im ATP-Spiegel nachweisbar.

Günther: Ich möchte Ihre Ergebnisse nicht anzweifeln, das liegt mir vollkommen fern, ich wollte nur auf dieses Mißverständnis aufmerksam machen, daß es im

Serum kein ATP gibt und daß Erythrozyten keinen Citratcyklus haben, weil sie keine Mitochondrien haben.

Stolz: Um das zu bestätigen, haben wir in einer ganz anderen Untersuchungsreihe das Verhalten von Blutkonserven unterschiedlichen Alters untersucht und konnten dabei auch feststellen, daß es natürlich unterschiedlich von der Verwendung des jeweiligen Stabilisators, auch dabei zu – im Rahmen der ablaufenden Glykolyse – einem ganz reproduzierbaren Verhalten des ATPs zu einer Abnahme des ATPs kommt.

Günther: Ich würde auch vorschlagen, die Biosynthese von Purinen und Pyrimidinen aus der Diskussion der Aspartatwirkung herauszunehmen, weil deren Regulationsprinzip bekannt ist, die Biosynthese dieser Substanzen wird per Feedback-Hemmung allosterisch gehemmt. D. h., das Endprodukt, das fertige Produkt hemmt immer seine Biosynthese.

Birnbaum: Es war hier zu hören, daß das Magnesium in Form des Chelats nach intrazellulär geschleust werden soll. Das ist eine Vorstellung, die nicht richtig sein kann. Wir haben 1968 schon darauf hingewiesen, daß die Stabilitätskonstante des Chelats Magnesium-asparaginat so ist, daß auf 1 Molekül Chelat 63.000 dissoziierte Magnesiumionen, also dissoziierte Chelate fallen. Wenn man nun noch dazu bedenkt, daß die Substanz in 5 Liter Blut verdünnt wird, dann verschiebt sich dieses Verhältnis Chelat:ionisierten Anteilen noch um einige Zehnerpotenzen.

Stolz: Da wir bei unseren Magnesiumuntersuchungen keine signifikanten Veränderungen gefunden haben, habe ich es auch gar nicht erwähnt.

Fodor: Sie sprachen von Kalium- und Magnesium-Aspartat. Haben Sie reines Kalium-Magnesium-Aspartat zugeführt oder haben Sie Inzolen genommen?

Stolz: Wir haben Inzolen genommen.

Fodor: Führen Sie dann den positiven Effekt auf das Kalium-Magnesium-Aspartat zurück oder auf die Spurenelemente?

Stolz: Das kann ich nicht beantworten.

Eckart: Sie haben gesagt, Sie führen die Kaliumeinschleusung und die Erhöhung des Kaliumgehalts in der Zelle auf eine Ankurbelung des oxydativen Stoffwechsels zurück. Im Gegensatz dazu haben *Dudziak* und Mitarb. aber festgestellt, daß der Kaliumverlust in Herzen, die unter anoxischen Bedingungen mit Kalium-Magnesium-Aspartat perfundiert wurden, geringer war, als bei Zusatz von Kaliumchlorid und Magnesiumsulfat zur Perfusionsflüssigkeit. Aufgrund Ihrer Untersuchungsergebnisse kommt diese Arbeitsgruppe zu dem Schluß, daß eine Wirkung von Kalium-Magnesium-Aspartat über den oxydativen Stoffwechsel auszuschalten sei, und daß eine vermehrte passive intrazelluläre Einschleppung von Kalium die Kationenschlepper-Theorie bestätigen würde. Herr *Günther* hat heute morgen gesagt, eine Carrierfunktion gibt es für Asparaginate nicht. Vielleicht können wir in der Diskussion dazu etwa Genaueres hören. Ankurbelung des oxydativen Stoffwechsels einerseits und Carrierwirkung andererseits werden zu diskutieren sein.

Dudziak, Fournell in: Kalium-Magnesium-Aspartat, Schattauer 1970.

Stolz: Ich glaube, da müssen wir auf das zurückgehen, was Herr *Henneberg* vorhin gesagt hat. Man müßte erst anfangen, die einzelnen Faktoren in dem Inzolen aufzutrennen, um sagen zu können, welchen Effekt nun diese einzelnen Bestandteile haben, um überhaupt eine Aussage machen zu können.

Eckart: Das sind zwei Fragen: welcher Faktor und wie? Welcher Faktor wäre also: Spurenelemente, Kalium, Magnesium oder Aspartat? Wie wäre: Schlepperfunktion oder Ankurbelung des oxydativen Stoffwechsels? Sie kommen zu dem Schluß: Ankurbelung des oxydativen Stoffwechsels, Herr *Stolz*?

Stolz: Die Frage wird so lange schlecht zu beantworten sein, wie man nicht routinemäßig intrazellulär Kalium bestimmen kann. Ich meine, wir sind im Augenblick noch, zumindest in der Klinik, darauf angewiesen, vom extrazellulären Kalium bzw. von der Kaliumbilanz, auf den intrazellulären Einbau zu schließen, da können wir natürlich mit intrazellulären Kaliummessungen nicht konkurrieren.

Eckart: Wie hoch war Ihre Inzolen-Dosierung pro Tag?

Stolz: 500 ml Standardlösung

Eckart: Das sind 25 mval. Und der Serum-Kalium-Spiegel?

Stolz: Außer diesen 25 mval haben wir noch soviel Kalium zugefügt, daß die Ein- und Ausfuhrbilanz ausgeglichen war.

Eckart: In Form von Aspartat?

Stolz: Nein, von Lactat.

Eckart: Wie hoch war die Gesamtkaliumzufuhr dann?

Stolz: Diese hing ab von der Kaliumbilanz.

Eckart: Ungefähr?

Stolz: Etwa um 100 mval.

Eckart: Davon haben Sie 1/4 als Kalium-Magnesium-Aspartat gegeben.

Brandt: Man sollte bei der Kaliumbestimmung nach der Veraschungsmethode nicht sagen, daß dabei Werte für den intrazellulären Kaliumgehalt erhalten werden. Das ist ein Gesamtgewebsmineralgehalt und kein intrazellulärer Mineralgehalt.

Eckart: Wenn ich den Gesamtkaliumgehalt eines Gewebes durch Veraschung festgestellt habe und bekannt ist, daß Kalium sich nur zu etwa 2% extrazellulär, zu 98% aber im Intrazellulärraum befindet, darf auch dann nicht aus dem Gesamtmineralgehalt auf den intrazellulären Kaliumgehalt des betreffenden Gewebes geschlossen werden?

Brandt: In jedem Gewebe haben Sie einen intravasalen Raum, einen extravasalen und intrazelluläre Flüssigkeit. Wenn Sie z. B. bei Experimenten bestimmte Vorbehandlungen mit Pharmaka durchgeführt haben, dann wissen Sie nicht mehr, ob ein intrazelluläres Ödem besteht oder nicht. Wenn solche Fragen wie „Ödem" zur Diskussion stehen, dann ist es nicht mehr möglich, nach Formeln zurückzurechnen.

Eckart: Das ist richtig. Im Rahmen unserer Problematik, d. h. der Beeinflussung des intrazellulären Kaliumgehaltes durch Zufuhr von Kalium-Magnesium-Aspartat oder eines anderen Kaliumsalzes, sollten wir aber folgende Überlegungen anstellen. Wenn ich den Gesamtkaliumbestand eines Gewebes messe, nachdem einer Untersuchungsgruppe Kaliumchlorid, den anderen Kaliumlactat bzw. Kalium-Magnesium-Aspartat verabfolgt wurde, und ich finde in allen Untersuchungsreihen den gleichen Kaliumgehalt, dann muß ich meiner Meinung nach doch eine Aussage über den intrazellulären Kaliumgehalt des Untersuchungsmaterials machen können. Bei dem hohen, intrazellulären Kaliumgehalt und einem wesentlich größeren intrazellulären als extrazellulären Raum, halte ich es für wenig wahrscheinlich, daß in den verschiedenen Untersuchungsgruppen, bei gleichem Gesamtkaliumgehalt, allein durch eine unterschiedliche Verteilung der verabfolgten Kaliumsalze wesentliche Unterschiede im intrazellulären Kaliumgehalt bestehen sollten.

Lüderitz: Ich möchte auch den Standpunkt unterstützen, daß die Bestimmung des Extrazellulärraums ganz entscheidend ist. Wir haben bei Papillarmuskeln des Meerschweinchens unter verschiedenen Bedingungen Extrazellulärraum gemessen und gesehen, daß z. B. beim chronischen Kaliummangel der Extrazellulärraum zunimmt. Bei anderen klinischen Bedingungen ist er auch wieder verändert. Der Extrazellulärraum ist eigentlich die entscheidende Größe, die man braucht, um eine zelluläre Kaliumkonzentration zu beurteilen. Mit einem unterschiedlichen Extrazellulärraum, das wollte ich auch heute morgen schon andeuten, kann man praktisch jede Elektrolytkonzentration und Elektrolytverschiebung zuwege bringen.

Kaczmarczyk: Ich möchte Ihnen eigentlich widersprechen. Gerade bei Elektrolyten, die so hoch intrazellulär konzentriert sind, finde ich die Bestimmung des Extrazellulärraums nicht so entscheidend, denn wenn es da zu Veränderungen kommt, kommt es bei der relativ niedrigen extrazellulären Konzentration zu keinen nennenswerten Änderungen. Da müssen schon erhebliche Veränderungen des Extrazellulärraums vorliegen.

Eckart: Ich glaube, wir haben mit unserer Diskussion die entscheidende Frage noch nicht beantwortet. Uns interessiert bei bekanntem Gesamtkaliumbestand eines Gewebes dessen intrazellulärer Anteil. Bei gleichem Untersuchungsmaterial und unter gleichen Voraussetzungen ist es doch nicht zu erwarten, daß der Extrazellulärraum in seiner Ausdehnung durch die Gabe von Kaliumchlorid beispielsweise anders beeinflußt werden sollte als durch Kalium-Magnesium-Aspartat oder Kaliumaspartat allein. Gibt es Hinweise dafür, daß der Extrazellulärraum durch Kaliumchlorid in seiner Größe verändert wird, während Kaliumlactat oder Kaliumaspartat eine solche Wirkung vermissen lassen?

Köhler: Bei den vorhin erwähnten Versuchen von Herrn *Heidenreich*, Aachen, handelt es sich um eine Nachprüfung der Befunde von Herrn *Staib*, die er bei verschiedenen Inzolen-Kolloquien vorgetragen hat. Herr *Heidenreich* hat die tierexperimentellen Ergebnisse von *Staib* lediglich an der Niere bestätigen können. Aus seiner Arbeit geht hervor, daß der Kaliumgehalt der Niere nach Gabe des Aspartats im Vergleich mit äquivalenten Lösungen von Kalium-Magnesium-Acetat-Malat und Kalium-Magnesiumchlorid mit einem pH-Wert von 0,001 am stärksten anstieg. Daß die Werte von *Staib* bei den anderen Organen nicht bestätigt werden konnten, kann an der Versuchsanordnung liegen. *Staib* hat normal ernährte Ratten verwendet, *Heidenreich* aber kaliumarm ernährte Ratten; weiter: Herr *Staib* hat seine Werte auf die feuchten Organe, Herr *Heidenreich* auf die Trockengewichte bezogen.

Vergleichende Untersuchungen zur Behandlung der postoperativen Darmatonie

M. Dramburg, J. Eckart, G. Tempel

Motilitätsstörungen des Magendarmkanals von der angedeuteten Parese bis hin zur schweren Magendarmatonie werden bei den verschiedensten Krankheiten beobachtet – *Berning u. Lindenschmidt*, 1961 [2]; *Schwaiger* u. Mitarbeiter, 1961 [26]; *Staib*, 1970 [30] –. Die postoperative Magen- und Darmatonie ist eine gefürchtete Komplikation und kann besonders nach intraabdominellen Eingriffen die Prognose entscheidend beeinflussen. Zahlreiche, häufig gleichzeitig wirkende Faktoren werden für das Auftreten einer Magendarmatonie verantwortlich gemacht – *Staib*, 1969 [29]; *Lindenschmidt* u. *Aleksic*, 1969 [16]; *Wachsmuth*, 1964 [33] –. In der Ätiologie der postoperativen Darmatonie wird den Störungen des vegetativen Gleichgewichts mit einem gesteigerten Sympathikotonus – *Borchert* u. Mitarbeiter, 1972 [3]; *Breine* u. Mitarbeiter, 1958 [5]; *Dinstl* u. *Keminger*, 1965 [6]; *Wachsmuth*, 1964 [33] –, einer verminderten Durchblutung des Darmes – *Braasch*, 1967 [4]; *Messmer* u. *Schmidt-Mende*, 1970 [18]; *Tischer*, 1972 [32]; *Willmen* u. Mitarbeiter, 1972 [34] – und Veränderungen des Elektrolytstoffwechsels, insbesondere der Hypokaliämie – *Frank*, 1966 [11]; *Keil*, 1964 [13]; *Moeller* u. *Muniz*, 1967 [20]; *Reifferscheid*, 1964, 1965 [22, 23] –, neben lokalen Ursachen eine entscheidende Bedeutung beigemessen.
Entscheidend der Vielzahl der ätiologischen Faktoren werden in der Literatur zur Behandlung der Darmatonie zahlreiche Therapievorschläge gemacht – *Berning* u. *Lindenschmidt*, 1961 [2]; *Borchert* u. Mitarbeiter, 1972 [3]; *Frank*, 1966[11]; *Hoffmeister* u. Mitarbeiter, 1970 [12]; *Keil*, 1968 [14]; *Lindenschmidt* u. *Aleksic*, 1969 [16]; *Messmer* u. *Schmidt-Mende*, 1971 [19]; *Reifferscheid*, 1964 [22]; *Schattenfroh*, 1968 [25]; *Staib*, 1970 [30]; *Willmen* u. Mitarbeiter, 1971 [34] –. Daraus haben wir die ausgewählt, denen eine kausale Beeinflussung der auslösenden Ursachen zugeschrieben wird und zur Erhöhung des Parasympathikotonus Prostigmin(R) und Ubretid(R), zur Förderung der Darmdurchblutung Rheomacrodex 10% mit Sorbit 20%(R) und zur Normalisierung des Kaliumhaushaltes Inzolen(R) bzw. Aldactone pro injectione(R) verabreicht.

Patientengut und Methodik

In unserem Krankengut konnten wir nach Anlage eines aortobifemoralen Bypasses eine Beeinträchtigung der Darmmotorik beobachten, die weit über die nach

Laparotomien übliche Darmparese hinausging und deshalb ein therapeutisches Eingreifen notwendig machte. Da diese Motilitätsstörungen nahezu immer auftreten und bei ihrer Entstehung eine kausale Bedeutung der oben genannten Faktoren zu diskutieren ist, haben wir unsere vergleichenden Untersuchungen bei diesem Krankengut durchgeführt.

Patienten mit bekannten Begleiterkrankungen wie Diabetes mellitus, chronischen Nieren- oder Lebererkrankungen oder Kranke mit einer cardialen Anamnese wurden nicht in die Untersuchungsreihe aufgenommen. Patienten, bei denen postoperativ Komplikationen wie eine Nachblutung, ein Platzbauch oder eine akute Niereninsuffizienz eine exakte Beurteilung der geprüften Parameter verhinderten, wurden aus der Untersuchungsserie ausgeschlossen, so daß für die Auswertung 60 Patienten zur Verfügung standen. Die Verteilung dieser Patienten erfolgte rein zufällig durch eine umschichtige Zuordnung zu einer der vier Gruppen.

Die Vorbereitung dieser Kranken auf einer chirurgischen Station, ihre intraoperative Versorgung und die postoperative Behandlung auf der operativen Intensivpflegeabteilung im Klinikum Steglitz – mindestens bis zum Morgen des 5. postoperativen Tages – waren weitgehend standardisiert. Bei allen Patienten wurde am Morgen des Operationstages ein Blasenkatheder gelegt, außerdem im zentralen Operationsbereich unter Bildwandlerkontrolle ein Cavakatheter.

Die Praemedikation bestand in der Gabe von Atropin, Dolantin(R) und Atosil(R). Die Narkose wurde mit durchschnittlich 4 mg Trapanal(R)/kg Körpergewicht eingeleitet, unter Pantolax(R) wurde intubiert. Die Beatmung wurde manuell oder maschinell im halbgeschlossenen System mit Lachgas-Sauerstoff im Verhältnis 2:1 unter Hinzufügung von durchschnittlich 0,5 – 1,0 vol% Halothan(R) durchgeführt. Die weitere Relaxation erfolgte mit Alloferin(R) oder Methyl Curarin HAF(R). Intraoperativ auftretende Blutverluste wurden unter Venendruckkontrolle durch Blut ersetzt. Plasmaexpander wurden als Blutersatz bis zu einer Maximalmenge von 1 Liter infundiert – *Lungsgaard-Hansen*, 1971 [17] –, außerdem erhielten alle Patienten intraoperativ 1 Liter Sterofundin(R) und 500 ml einer niederprozentigen Kohlenhydratlösung.

Postoperativ wurde bei allen Patienten eine Magensonde gelegt. Der zentrale Venendruck, der arterielle Blutdruck, die Urinausscheidung und die Temperatur wurden am Operationstag mindestens 2stündlich, an den folgenden Tagen meist 3stündlich gemessen. Eine Stunde nach Operationsende wurde in allen Fällen Kalium, Blutzucker, pH, pCO_2 und Standardbikarbonat, Hämoglobingehalt, Erythrozytenzahl und Hämatokrit im zentralvenösen Mischblut bestimmt. Eine zweite Kontrolle dieser Parameter erfolgte am Operationstag um 20.00^h. An den folgenden Tagen wurde mindestens einmal täglich Natrium, Kreatinin, Gesamteiweiß, Blutzucker, Hämoglobingehalt, Erythrozytenzahl und Hämatokrit bestimmt, während Kalium, pH, pCO_2 und Standardbikarbonat zweimal täglich, bei Bedarf noch häufiger kontrolliert wurden. Im 24-Stunden-Sammelurin wurde die Natrium- und Kaliumausscheidung gemessen und hieraus der Na/K-Quotient errechnet. Im Magensaft erfolgte bei vorhandener Atonie die Bestimmung von Kalium und Natrium.

Alle Patienten erhielten Antibiotica und waren mit einem mittellang wirkenden Glykosid digitalisiert. Kamen die Patienten unterkühlt, mit schlecht durchbluteter Peripherie und einer im Vergleich zur Zufuhr geringen Urinausscheidung aus dem Operationssaal zur Station, wurde unter gleichzeitiger Volumensubstitution mit Blut, Serumkonserven und Sterofundin(R) gegebenenfalls unter Zusatz von 20%igem Humanalbumin Hydergin(R) bis zu o,6 mg 2stündlich bzw. Panthesin-Hydergin(R) bis zu 16 Ampullen in 24 Stunden im Dauertropf verabfolgt, bis die Zeichen der Kreislaufzentralisation nicht mehr nachweisbar waren. Stieg unter dieser Therapie bei anhaltender Kreislaufzentralisation der Venendruck über 10 cm H_2O an, wurde unter zusätzlicher Verabreichung von Dehydrobenzperidol(R) die Volumensubstitution gedrosselt so lange fortgesetzt, bis klinisch die Zeichen der Kreislaufzentralisation nicht mehr nachweisbar waren. Bis zur Wiederaufnahme einer ausreichenden oralen Flüssigkeits- und Nahrungszufuhr wurden alle Patienten parenteral ernährt – *Eckart* u. Mitarbeiter, 1972 [9] –.

Um zwischen verschiedenen Untersuchungsgruppen vergleichbare Verhältnisse zu schaffen, sollte die Elektrolytzufuhr im Rahmen einer Bilanz so eingestellt werden, daß sie täglich quantiativ der Ausfuhr des Vortages entspricht, d. h. die Bilanz der untersuchten Elektrolyte sollte täglich bei Null liegen. Das erscheint deshalb notwendig, weil Elektrolytausfuhr und Serumkonzentration nicht konstant zu halten bzw. nicht gezielt therapeutisch zu beeinflussen sind. Bei der Elektrolytsubstitution unter klinischen Bedingungen ist jedoch nur die Elektrolytausscheidung im Urin, gegebenenfalls bei vorhandener Magenatonie auch der Verlust über den Magensaft genau feststellbar, während Elektrolytverluste über den Darm oder die Haut quantitativ nicht genau zu erfassen sind. Aus diesem Grund ist eine präzise Nullbilanz, die alle in einem begrenzten Zeitraum auftretenden Ausscheidungen quantitativ berücksichtigt, nicht durchzuführen.

Obwohl uns bekannt ist, daß die extrazelluläre Kaliumkonzentration nur bedingt auf einen normalen Kaliumbestand des Organismus schließen läßt – *Sartorius*, 1964 [24]; *Scribner u. Burnell*, 1956 [27] –, haben wir, um das Auftreten eines intrazellulären Kaliummangels als Folge einer unzureichenden Substitution weitgehend zu verhindern, im Einzelfall die tägliche Kaliumbilanz so lange positiv gehalten, bis eine mittlere Serumkaliumkonzentration von 4,3 mval/l bei ausgeglichenem Säure-Basen-Haushalt erreicht oder überschritten war.

Am Operationstag erhielten alle Patienten unter Kontrolle der Serumkaliumkonzentration und des Säure-Basen-Haushaltes durchschnittlich 100 mval Kalium. Bei den Patienten der Inzolengruppe wurden rund 25 mval Kalium in Form von 500 ml Inzolen(R)-Infusio intraoperativ verabfolgt. Postoperativ wurden 250 ml Inzolen(R), d. h. rund 70 mval Kalium bis zum Morgen des ersten postoperativen Tages infundiert. Die in Form von K-Mg-asparaginat zugeführte Kaliummenge lag

damit weit über der von *Dudziak* u. *Dumont*, 1970 [7] und *München*, 1970 [21] empfohlenen Dosierung.
Bei der Natriumsubstitution wurden Natriumverluste über den Magensaft quantitativ ersetzt. Außerdem wurden – unabhängig von der postoperativ vorübergehend verminderten Natriumausscheidung im Urin – zur Kompensation nicht faßbarer Natriumverluste ins traumatisierte Gewebe bzw. in den atonischen Darm täglich 160 mval Natrium verabreicht.

Tabelle 1 Verhalten des zentralen Venendrucks unter der Infusion von Rheomacrodex 10 % – Sorbit 20 %.
Dosierung 1,5 ml/kg Körpergewicht in 10 Minuten; anschließend 6 ml/kg Körpergewicht in 50 Minuten

P	1	2	3	4	5	6	7	8	9	10	11	12	13	14	15
A	2	10	4	6	6	2	8	3	0	4	4	6	6	2	4
M	10	17	14	12	18	12	14	10	7	11	16	16	19	16	14

P - Patient
A - Ausgangswert in cm H_2O
M - Maximalwert in cm H_2O

Spezielle therapeutische Maßnahmen

Die Patienten der Rheomacrodex-Gruppe erhielten vom ersten postoperativen Tag an jeweils morgens und abends unter Kontrolle des zentralen Venendruckes Rheomacrodex 10%-Sorbit 20%(R) in einer Dosierung von 7,5 ml/kg Körpergewicht. Davon wurden 1,5 ml/kg Körpergewicht in 10 Minuten, der Rest von 6 ml/kg Körpergewicht in den folgenden 50 Minuten verabreicht.
Die zweite Patientengruppe unterschied sich von den übrigen nur dadurch, daß Kalium ausschließlich in Form von Inzolen(R) substituiert wurde. Die Kaliumzufuhr erfolgte, wie auch bei den Patienten aller anderen Gruppen, im Dauertropf über 24 Stunden.
In der dritten Untersuchungsreihe verabfolgten wir Cholinergica. Allen Patienten dieser Gruppe wurde vom Operationstag an täglich 1 Ampulle Ubretid(R) intramuskulär injiziert, außerdem wurde vom ersten postoperativen Tag an den verabfolgten Infusionen 6 mg Prostigmin(R) pro Tag zugesetzt.
Die vierte Patientengruppe wurde mit Aldactone(R) pro injectione behandelt.

Die in 8stündlichem Abstand intravenös verabfolgte Dosis lag am Operationstag bei 2x, an den folgenden Tagen bei 3x200 mg Aldadiene-Kalium.
Diese speziellen Maßnahmen wurden bis zum Nachmittag des vierten postoperativen Tages gezielt zur Therapie der postoperativen Magen- und Darmatonie durchgeführt. Führte ein Patient unter dieser Behandlung bei nachweisbarer Peristaltik und fehlender Magenatonie ab, dann wurde das entsprechende Medikament abgesetzt. Das geschah auch dann, wenn erhebliche Nebenwirkungen seine Weiterverabreichung nicht mehr zuließen. Am Abend des vierten postoperativen Tages wurde die Untersuchung in jedem Fall abgebrochen und gegebenenfalls zusätzliche Maßnahmen zur Behandlung der Atonie eingeleitet.

Ergebnisse

Klinische Zeichen für die Normalisierung der Darmfunktion nach Operationen sind das Vorhandensein von Peristaltik, das Fehlen einer Magenatonie und das Absetzen von Stuhlgang. Da die Beurteilung der Peristaltik aber stark vom Zeitpunkt der Untersuchung und der Erfahrung des Untersuchenden abhängt, kann sie – unserer Meinung nach – nicht als ausreichender Beweis für das Wiedereinsetzen der normalen Darmtätigkeit benutzt werden. Wir haben deshalb in unserer Untersuchungsreihe das Absetzen des ersten Stuhlgangs als Kriterium für die Auswertung gewählt, wenn gleichzeitig Peristaltik und eine normale Magenfunktion nachweisbar waren. Die erste Abbildung zeigt den Zeitpunkt des ersten Stuhlgangs nach der Operation in den verschiedenen Untersuchungsgruppen. Die statistische Auswertung – Abb. 2 – erfolgte mit Hilfe des Vierfelder-Tests und ergab, daß nur durch die Gabe von Cholinergica eine sichere Beeinflussung der postoperativen Magendarmatonie möglich ist ($2a < 0{,}2\%$).

Diskussion

Das vorgelegte Ergebnis zeigt, daß in dieser Untersuchungsreihe von den genannten, für die Auslösung einer Magendarmatonie verantwortlich gemachten Ursachen eine Störung des vegetativen Gleichgewichtes mit einer Zunahme des Sympathikotonus die ausschlaggebende Bedeutung zukommen muß.
Von anderen Autoren – *Braasch*, 1967 [4]; *Messmer* u. *Schmidt-Mende*. 1970, 1971 [18,19] – wurden eine postoperativ verminderte Darmdurchblutung oder lokalisierte Störungen der Mikrozirkulation in besonderem Maße für eine Darmhypoxie und Darmatonie verantwortlich gemacht. Der Wirkungsmechanismus der zur Behandlung dieser hypoxisch bedingten Darmatonie empfohlenen hyperosmolaren Lösungen – *Braasch*, 1967 [4]; *Messmer* u. *Schmidt-Mende*, 1970, 1971 [18, 19]; *Tischer*, 1972 [32] – wurde in einer Normalisierung der Darm-

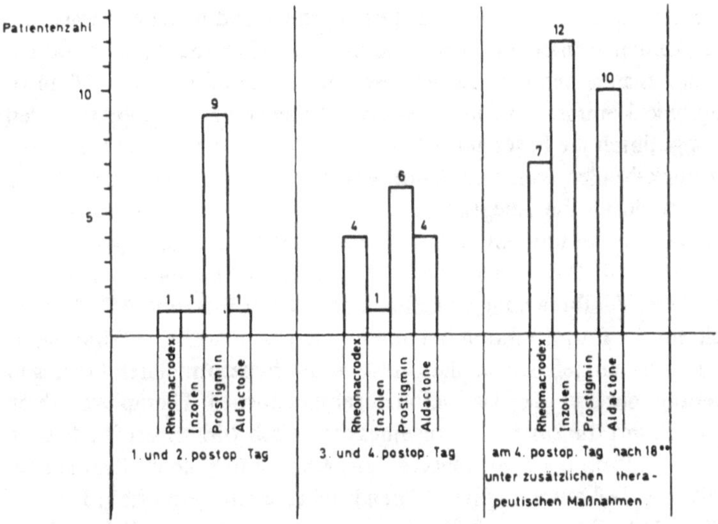

Abb. 1 Erster Stuhlgang nach der Operation in vier Patientengruppen nach unterschiedlichen therapeutischen Maßnahmen

Therapie	Erster Stuhlgang nach der Operation in vier Patientengruppen nach unterschiedlichen therapeutischen Maßnahmen:	
	bis zum 4. postop. Tag (18**)	am 4. postop. Tag nach 18** unter zusätzl. Maßnahmen
Prostigmin® und Ubretid® Patientenzahl 15	15	0
Rheomacrodex® + Sorbit 20 %® oder Aldactone® oder Inzolen® Patientenzahl 45	12	33

Vierfeldertafel zur Signifikanzprüfung.
Statistisch gesicherte Wirkung von Cholinergika auf die postoperative Magen-Darm-Atonie ($2\alpha < 0,2$ %)

Abb. 2 Erster Stuhlgang nach der Operation in vier Patientengruppen nach unterschiedlichen therapeutischen Maßnahmen

durchblutung gesehen. Da *Eisele*, 1969 [10] nach großen abdominalchirurgischen Eingriffen aber keinen Anhalt für einen anaeroben Stoffwechsel im Mesenterialbereich fand, muß man annehmen, daß es postoperativ nur in Ausnahmefällen zu einer Darmhypoxie kommt. Obwohl es bei der Anlage eines Aortobifemoralen Bypasses, bedingt durch die Besonderheiten des Eingriffes, intraoperativ zu kurzfristigen Blutdruckabfällen kommen kann, erscheint es uns unwahrscheinlich, daß dadurch oder durch die gelegentlich unmittelbar postoperativ vorhandene Kreislaufzentralisation bei unseren Patienten eine anhaltende Darmhypoxie ausgelöst worden sein soll. Die, neben den bei uns üblichen therapeutischen Maßnahmen, zusätzliche Verabreichung von Rheomacrodex 10%-Sorbit 20%(R) zeigte im Hinblick auf die Darmfunktion bei unserem Krankengut keine Wirkung, so daß wir nur in Ausnahmefällen in der Anwendung hyperosmolarer Lösungen eine Bereicherung der bei der Darmatonie gebräuchlichen Therapieverfahren sehen. Außerdem führt die zur Schaffung eines osmotisch wirksamen Gradienten geforderte hohe Infusionsgeschwindigkeit zu einer erheblichen Kreislaufbelastung, die mit zum Teil extrem hohen Venendrucken einhergeht (Abb. 1).

Von zahlreichen Autoren wird auf eine kausale Bedeutung des Kaliummangels bei der Entstehung einer Darmatonie hingewiesen. Dabei werden aber unterschiedliche Methoden zur Vermeidung oder Behandlung des Kaliummangels angegeben – *Berning* u. *Lindenschmidt*, 1961 [2]; *Frank*, 1966 [11]; *Hoffmeister* u. Mitarbeiter, 1970 [12]; *Keil*, 1964, 1968 [*13,14*]; *Lindenschmidt*, u. *Aleksic*, 1969 [16]; *Moeller* u. *Muniz*, 1967 [20]; *Reifferscheid*, 1964, 1965 [22, 23]; *Schattenfroh*, 1968 [25] –. Neben einer Kaliumsubstitution in Form von Kaliumchlorid oder alkalisierenden Kaliumsalzen wird die Verabreichung von Kalium-Magnesium-Asparaginat oder von Aldosteronantagonisten empfohlen. In unseren Vergleichsgruppen kamen alle genannten Verfahren zur Anwendung. Vergleicht man die Medianwerte der Serumkaliumkonzentration an den einzelnen Tagen in den verschiedenen Gruppen miteinander, dann zeigt sich, daß sie unmittelbar postoperativ in allen Gruppen am niedrigsten, allerdings noch im Normbereich lagen. Durch die angewandte Therapie stieg die Serumkonzentration in allen Gruppen an und ließ auch im weiteren Behandlungszeitraum zwischen den einzelnen Tagen und den verschiedenen Gruppen signifikante Unterschiede nicht erkennen.

In Abb. 3 ist der Kaliumumsatz vom Operationstag bis zum 3. postoperativen Tag an Hand der Medianwerte der täglichen Kaliumzufuhr und -ausfuhr dargestellt. Am 4. postoperativen Tag, dem letzten Tag des Beobachtungszeitraumes ist nur die Kaliumzufuhr eingetragen. Ein Vergleich der Kaliumausscheidung an den einzelnen Tagen zwischen den verschiedenen Gruppen ergab nur am ersten postoperativen Tag eine signifikant niedrigere Ausscheidung in der Inzolengruppe ($2\epsilon < 2\%$). Nach dem Wilcoxon-Test für zwei Stichproben wurde am ersten und zweiten postoperativen Tag in der genannten Gruppe signifikant weniger Kalium als in den drei übrigen Untersuchungsreihen zugeführt ($2\epsilon < 5\%$).

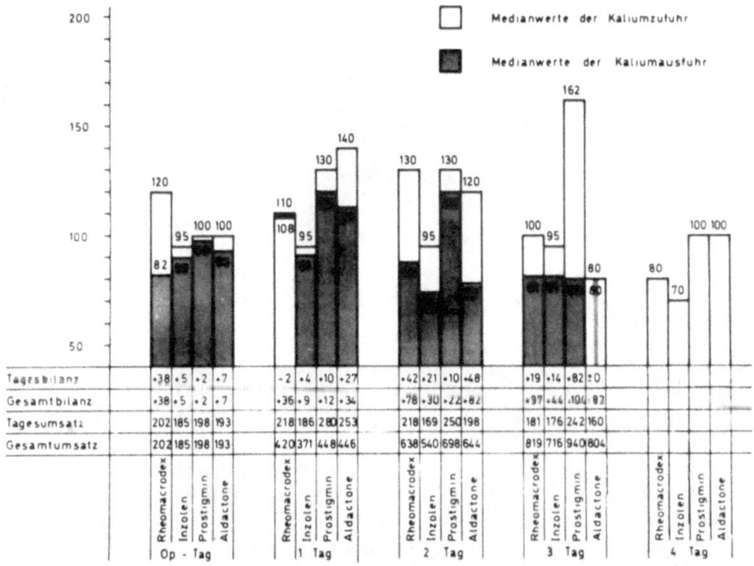

Abb. 3 Kaliumsatz und Kaliumbilanz vom Op.-Tag bis zum 4. postoperativen Tag in vier Patientengruppen nach unterschiedlichen therapeutischen Maßnahmen

Auch die Gesamtkaliumbilanz und der Gesamtkaliumumsatz waren im Beobachtungszeitraum in der Inzolengruppe niedriger als in den anderen Patientengruppen. Da die Medianwerte der Serumkaliumkonzentration zwischen den einzelnen Gruppen am Operationstag und den ersten vier postoperativen Tagen keinen Unterschied aufwiesen, läßt sich daraus ableiten, daß erstens ein nennenswerter Abstrom von Kalium in den Intrazellulärraum auch in der Inzolengruppe nicht stattgefunden haben kann – eine Folgerung, die sich allerdings nur mit den Befunden weniger Autoren deckt – *Ahnefeld* u. *Dölp*, 1972 [1]; *Eckart* u. *Birnbaum*, 1970 [8]; *Staib* u. Mitarbeiter, 1968 [28] – und zweitens, daß die Kaliumausscheidung niedriger als in den übrigen Gruppen war, was mit den Befunden von *Knippers* und *Greeff*, 1963 [15] und den Ergebnissen von *Struck* u. *Sebening*, 1970 [31] übereinstimmt. Als Nebenbefund konnte unter der Kaliumsubstituion in Form von Kalium-Magnesium-Asparaginat eine Zunahme der Standardbikarbonatkonzentration bei normalem Kohlensäuredruck nachgewiesen werden.

Die Verabreichung von Aldosteronantagonisten führte bei unseren Patienten ebenfalls nicht zu einer Beseitigung der Darmatonie. Dabei kann eine zu geringe oder nicht zeitgerechte Verabreichung dieses Medikaments nicht ausschlaggebend gewesen sein, da eine signifikante Beeinflussung des Na/K-Quotienten im Urin im Beobachtungszeitraum nur unter Aldadiene-Kalium nachweisbar war (2ϵ $<0{,}1\%$) (Abb. 4–5).

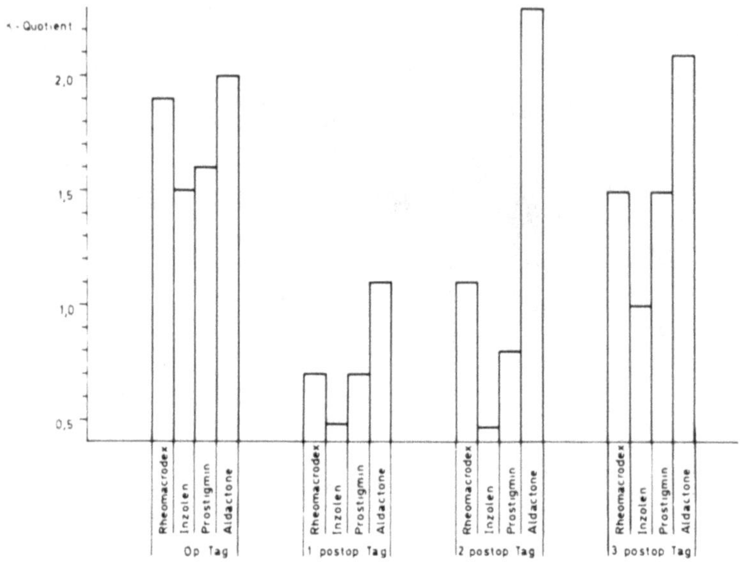

Abb. 4 Beeinflussung der Medianwerte des Na/K-Quotienten im Harn durch unterschiedliche therapeutische Maßnahmen

Therapie	Na/K - Quotient im Urin am 3. und 4. postop. Tag unter verschiedenen therapeutischen Maßnahmen.	
	<2	$\geqq 2$
Aldactone® Patientenzahl 15 Urinproben 30	10	20
Inzolen® oder Rheomacrodex® oder Prostigmin® + Ubretid® Patientenzahl 45 Urinproben 90	73	17

Vierfeldertafel zur Signifikanzprüfung.
Statistisch gesicherte Beeinflussung des Na/K - Quotienten im Urin durch Aldactone®
($2\alpha < 0{,}1\,\%$)

Literatur

[1] Ahnefeld, F.W. und R. Dölp: Wasser- und Elektrolytlösungen für die primäre Substitution. In: Akute Volumen- und Substitutionstherapie. Lehmann, München 1972.

[2] Berning, H. und Th. O. Lindenschmidt: Paralytischer Ileus in der inneren Medizin und Chirurgie. Ergebn. inn. Med. Kinderheilk. **16**, 198 (1961).

[3] Borchert, K., P. Pietsch und H. Busch: Zur Anwendung von Cholinesterasehemmern in der postoperativen Phase. Zbl. Chir. **97**, 111 (1972).

[4] Braasch, D.: Mikrozirkulationsstörungen der Darmmucosa. Langenbecks Arch. klin. Chir. **319**, 936 (1967).

[5] Breine, U., J. Hedenberg und St.-O. Liljedahl: Treatment of paralytic ileus with cholinesterase inhibitors in intravenous drip. Acta chir. scand. **114**, 172 (1958).

[6] Dinstl, K. und K. Keminger: Die Beeinflussung der Darmparalyse bei Peritonitis durch Cholinesterasehemmkörper. Langenbecks Arch. Klin. Chir. **313**, 901 (1965).

[7] Dudziak, R. und G. Dumont: Kalium-Magnesium-Aspartate in der postoperativen Phase. Actuelle Chir. **5**, 1 (1970).

[8] Eckart, J. und D. Birnbaum: Die Wirkung von Inzellon(R) auf die Natrium- und Kaliumbilanz nach operativen Eingriffen. Z. prakt. Anästh. **5**, 319 (1970).

[9] Eckart, J., G. Tempel und H. Schaaf: Parenterale Ernährung beim Intensivpflegepatienten. Med. Mitt. (Melsungen) **46**, Suppl. I, 43 (1972).

[10] Eisele, R. Normaler postoperativer Verlauf, Hämodynamik und Respiration. In: Der postoperative Verlauf. Thieme, Stuttgart 1969.

[11] Frank, J.: Über die Beeinflussung der postoperativen Darmmotilität, insbesondere durch Aldosteron-Antagonisten. Chirurg. **37**, 116 (1966).

[12] Hoffmeister, H.-E., L. Brunner, B. Heisig und M. Tute: Zur Behandlung des postoperativen sekundären Aldosteronismus und der postoperativen Magen-Darm-Parese mit Aldosteronantagonisten. Med. Klin. **65**, 1414 (1970).

[13] Keil, H.-R.: Zur Behandlung der postoperativen Darmatonie und des paralytischen Ileus. Münch. med. Wschr. **46**, 2109 (1964).

[14] Keil, H.-R.: Therapieerfahrungen mit Asparaginaten bei Ileuspatienten. Ärztl. Praxis **20**, 3374 (1968).

[15] Knippers, R. und K. Greeff: Zur Frage des Einflusses von Kalium-Magnesium-Aspartat auf die Toxizität herzwirksamer Glykoside. Naunyn-Schmiedebergs Arch. exp. Path. **246**, 37 (1963).

[16] Lindenschmidt, Th.-O. und D. Aleksic: Der paralytische Ileus in der Chirurgie. Chir. Praxis **13**, 597 (1969).

[17] Lundsgaard-Hansen, P.: Volumen-Substitutionstherapie beim Schock. In: Blutgerinnung – Kreislauf – Stoffwechsel. Schattauer, Stuttgart 1971.

[18] Messmer, K. und M. Schmidt-Mende: Hyperosmolare Lösung bei postoperativer Darmatonie. Dtsch. med. Wschr. **95**, 557 (1970).

[19] Messmer, K. und M. Schmidt-Mende: Die Wirkung hyperosmolarer Lösungen auf die Mesenterialdurchblutung und bei postoperativer Darmatonie. Anaesthesist **20**, 184 (1971).

[20] Moeller, J. und B. Muniz: Hypokaliämischer Ileus und Aldosteronismus. Med. Klinik **62**, 2019 (1967).

[21] München, J.: Über die Bedeutung von Kalium-Magnesium-Aspartat zur Behandlung von postoperativen Stoffwechselentgleisungen. In: Kalium-Magnesium-Aspartat. Schattauer, Stuttgart 1970.

[22] Reifferscheid, M.: Neue Gesichtspunkte zum dynamischen Ileus. Langenbecks Arch. klin. Chir. **308**, 191 (1964).

[23] Reifferscheid, M.: Die postoperative Magen-Darm-Atonie. Chir. Praxis **9**, 535 (1965).

[24] Sartorius, H.: Klinik und Therapie des Wasser- und Elektrolythaushaltes für die Praxis. Enke, Stuttgart 1964.

[25] Schattenfroh, C.: Aldadiene-Kalium in der Bauchchirurgie. In: Postoperative Störungen des Elektrolyt- und Wasserhaushaltes. Schattauer, Stuttgart 1968.

[26] Schwaiger, M., O. Oehmig und J. Staib: Die nichtmechanische postoperative Darmunwegsamkeit. Dtsch. med. Wschr. **86**, 576 (1961).

[27] Scribner, B.H. und J.M. Burnell: Interpretation of serum potassium concentration. Metabolism **5**, 468 (1956).

[28] Staib, J., R. Balbach und H. Ochs: Untersuchungen der intrazellulären Elektrolytkonzentration und der Dünndarmmotilität unter elektrischer Stimulation und verschiedenen Medikamenten. Langenbecks Arch. klin. Chir. **322**, 1203 (1968).

[29] Staib, J.: Posttraumatische und -operative Magen-Darm-Störungen. In: Kurzes Lehrbuch der Allgemeinen Chirurgie. Thieme, Stuttgart 1969.

[30] Staib, J.: Therapie des paralytischen Ileus. Dtsch. med. Wschr. **95**, 2490 (1970).

[31] Struck, E. und F. Sebening: Störungen des Kalium-Natrium-Stoffwechsels durch extrakorporale Zirkulation mit Blutverdünnung und ihre Behandlung mit Kalium-Magnesium-Aspartat. In: Kalium-Magnesium-Aspartat. Schattauer, Stuttgart 1970.

[32] Tischer, W.: Der postoperative Ileus im Kindesalter. Zbl. Chir. **97**, 206 (1972).

[33] Wachsmuth, W.: Pathophysiologie und Klinik des Ileus. Langenbecks Arch. klin. Chir. **308**, 143 (1964).

[34] Willmen, H.-R., G. Zlatarski, F.K. Lynen, St. Langer und H. Heinze: Tierexperimentelle Studie zur Beeinflussung der Dickdarmmotilität im Obstruktionsileus durch Xantinolnicotinat und hyperosmolare Lösung. Med. Welt **22**, 1378 (1971).

Diskussion

Eschner: Darf ich mir erlauben, eine spezielle Gruppe herauszugreifen, und zwar die mit Aldaktone behandelte Gruppe. Es scheint hier, wie Herr *Lüderitz* bestätigen konnte, daß das Aldaktone unabhängig von dem Aldosteronantagonismus einen zellulären Soforteffekt hat. Der Sinn und Zweck des Aldaktones z. B. bei der postoperativen Darmatonie, liegt weniger darin, wieviel man in welchem Zeitraum gibt, sondern wieviel man auf einmal gibt. Wir haben uns z. B. beschränkt, Dosen zu geben um 1000 mg und zwar als Stoßtherapie gegeben in 20 Minuten. Diese Dosen zeigen einen ausgezeichneten Effekt, der sich auch statistisch verifizieren läßt, und es gibt eine weitere Anzahl von Leuten, die ähnliche Untersuchungen unternommen haben bei diesen Dosierungen. Ich kenne Dosierungen, bis zu 3000 mg, die allerdings wieder fraktioniert, z. B. *Jahrmärker* (München) und *Koczorekt* (München) unter dieser Stoßtherapie in solchen

Höhen eben diese Effekte zu erzielen vermögen. Dabei ist der Natrium-Kalium-Faktor völlig nebensächlich und auch, was den Aldosteronantagonismus angeht, dieser Effekt kann auch vernachlässigt werden, es muß einfach der zelluläre Soforteffekt in den Vordergrund gerückt werden, der wahrscheinlich irgendwo im Bereich des 3,5-AMPs und der Phosphatase/Phosphorylase gesucht werden kann.

Eckart: In einer Reihe von Publikationen – *Bastien; Frank; Hoffmeister, Brunner* u. Mitarb.; *Moeller* u. *Muniz*; *Schattenfroh* – wurden Aldosteronantagonisten (meist Aldadiene-Kalium) zur Behandlung der Magen-Darmatonie empfohlen. Die übliche Dosierung lag bei 600 mg pro Tag. Unsere Untersuchungen dienten nicht der Beantwortung der Frage „Wo greift der Aldosteronantagonist an und wie schnell wirkt er". Mit der fortlaufenden Kontrolle des Natrium-Kalium-Quotienten im Urin wollten wir zeigen, daß bei der gewählten Applikationsform und Dosierung eine Wirkung des Aldosteronantagonisten schon im Beobachtungszeitraum feststellbar war. Durch unsere Untersuchungen konnten wir nachweisen, daß nur nach Gabe von Aldadiene-Kalium postoperativ eine schnelle Normalisierung des Natrium-Kalium-Quotienten auftritt. Da die einzelnen Patientengruppen sich nur durch spezielle therapeutische Maßnahmen unterschieden, dürfen wir den beobachteten Effekt auf das verabreichte Medikament beziehen und folgern, daß die gewählte Dosierung ausreichend war und zur Beeinflussung des postoperativen Aldosteronismus zeitgerecht erfolgt ist. Vergleichen wir unsere vier Patientengruppen untereinander, dann läßt sich nachweisen, daß nur nach Verabreichung von Prostigmin eine schnelle Beseitigung der postoperativen Darmatonie möglich war. In den anderen Patientengruppen ließ sich – trotz Anwendung der von Herrn *Messmer* für Rheomacrodex-Sorbit 20%ig oder von den obengenannten Autoren für Aldosteronantagonisten empfohlenen Dosierung – keine klinisch objektivierbare Wirkung auf den Magendarmtrakt feststellen.

Bastien: In: Extrarenal activity of aldosterone and its antagonists. Excerpta Foundation 1972.

Frank: Chirurg. 37, 116 (1966).
Hoffmeister, Brunner u. Mitarb.: Med. Klin. 65, 1414 (1970).
Moeller u. **Muniz:** Me. Klin. 62, 2019 (1967).
Schattenfroh: In: Postoperat. Störungen d. Elektrolyt- u. Wasserhaushaltes. Schattauer 1968.
Messmer u. **Schmidt-Mende:** Anaesthist 20, 184 (1971).

Eschner: Man kann dazu nur noch entgegnen, daß diese Empfehlungen von 1000 mg und aufwärts relativ neu sind. Sie liegen etwa 1 1/2 Jahre zurück und sind 1971 im Herbst auf der Tagung in Nizza mitgeteilt worden.

Eckart: Ich glaube nicht, daß die gewählte Dosierung von 3 x 200 mg Aldadiene-Kalium pro Tag zu gering war. Wir haben das genannte Medikament in einer Dosis verabreicht, die allgemein üblich ist. In einer neuen Studie müßte bei einem

gleichen Krankengut allerdings noch geprüft werden, ob die von uns verabfolgten 600 mg pro Tag und die von Herrn *Eschner* empfohlene Stoßtherapie mit 1000 mg Aldadiene-Kalium pro Tag und mehr zu einer unterschiedlichen Beeinflussung der postoperativen Magen-Darmatonie führen.
Haben andere Kliniker abweichende Erfahrungen bei der Behandlung der postoperativen Atonie gemacht? Nach meinen Informationen treten nach großen gefäßchirurgischen Eingriffen auch an anderen Kliniken – z. B. im Klinikum Westend in Berlin – schwer beeinflußbare Atonien auf.

Böttcher: Wir haben genau die gleichen Erfahrungen gemacht, wie sie von Ihnen gemacht wurden. Mit Prostigmin sehen wir schon nach 3 Tagen in den meisten Fällen keine Atonie mehr. Ich meine aber außerdem, daß gerade bei dieser Form des Eingriffes mit retroperitonealer Präparation, bei der der Darm in extremer Weise durch Haken und Verdrängung irritiert wird, sicher noch andere Faktoren eine Rolle spielen. Untersuchungen bei anderen Eingriffen sind damit nicht vollständig zu vergleichen.

Eckart: Können Sie uns bitte sagen, welchen Faktoren Ihrer Meinung nach eine besondere Bedeutung zukommt?

Böttcher: Ich meine, daß das Ausmaß des Eingriffes gerade beim Aortofemoralen Bypass gegenüber einer einfachen Laparotomie besonders ausgedehnt ist und hier auch andere Faktoren als z. B. beim Ileus für die Atonie verantwortlich sind.

Klinische Prüfung von Kalium-Magnesium-Aspartat bei hüftoperierten orthopädischen Patienten

D. Böhmer, K. H. Müller, I. Orth

Jeder operative Eingriff bedeutet eine erhebliche Belastung des Stoffwechsels. Diese Störung für den Organismus möglichst gering zu halten, ist heute eine der Hauptaufgaben der operativen Medizin, speziell der Anaesthesie geworden, nachdem die Operationstechnik und Narkose kaum noch Risikofaktoren für den Operationserfolg darstellen. Es ist daher verständlich, daß sich die Anaesthesisten besonders intensiv mit einer Substanz, wie dem Kalium-Magnesium-Aspartat, beschäftigen, von dem allein schon aufgrund theoretischer Überlegungen eine günstige Beeinflussung des Energiehaushaltes der Zelle zu erwarten ist. [1, 3–6] Tierexperimentelle und dann erste Anwendungen bei Patienten bestätigen in vivo eine deutliche Wirkung dieser Substanz. [4, 5]. Im wesentlichen wurde Kalium-Magnesium-Aspartat klinisch in der Intensivtherapie und bei der Herz-Chirurgie eingesetzt, wo viele Faktoren den Heilungsverlauf bestimmen. Auch wir registrierten nach Kalium-Magnesium-Aspartat-Gaben bei unseren operierten orthopädischen Patienten eine gute Wirkung. Da es sich um Einzelfälle handelte, die nur einen vorwiegend subjektiven Eindruck des Medikaments zuließen, haben wir Kalium-Magnesium-Aspartat einer klinischen Prüfung unterzogen. Es sollte die Frage beantwortet werden, ob es gerechtfertigt sei, routinemäßig bei großen orthopädischen Eingriffen stoffwechselgefährdeter Menschen Kalium-Magnesium-Aspartat zu geben. Über die Verträglichkeit liegen ausreichende Erfahrungen vor. Deswegen beschränkten wir uns darauf, Hinweise zu bekommen, inwieweit der Energiestoffwechsel tatsächlich beeinflußt wird.

Wir wählten für die Prüfung Patienten, die eine Totalendoprothese der Hüfte erhielten. Bei dieser Operation wird der Hüftkopf und -Hals reseziert, die Pfanne ausgefräst, eine Hüftpfanne aus Plastik eingesetzt und die Hüftkopf-Endoprothese mit einem Stiel in den Oberschenkelschaft in Höhe des Trochanters und mit Knochenzement eingemauert. Die Patienten waren stoffwechselmäßig unauffällig, häufig waren sie digitalisiert. Das Alter der Patienten lag zwischen 50 und 80 Jahren, mit einem Mittel bei 65,3 Jahren.

15 Patienten wurde 3 Tage vor, am Op-Tag und 3 Tage nach der Operation jeweils täglich 1 Flasche Inzolen i. v. infundiert. Sie bekamen sonst die normale Krankenhauskost. 15 Patienten gleichen Alters und mit gleichen Operationen dienten als Vergleichsgruppe. Die Auswahl der Patienten für die Gruppen war regellos. Die Patienten erhielten zur Operation eine Neuroleptanalgesie und die Relasierung erfolgte mit Alloferin. Die Beatmung wurde mit einem Engström-

Respirator durchgeführt. Operation und Narkose verliefen in allen Fällen komplikationslos. Die Op-Dauer betrug bei den infundierten Patienten 120 min. Der Blutverlust wurde auf 700–900 ml geschätzt. Bei den nicht infundierten Patienten lag die durchschnittliche Operationsdauer etwas kürzer, bei 100 min., der Blutverlust bei etwa 600–700 ml. Als Parameter für den Energiestoffwechsel wählten wir den Nüchtern-Ruhe-Umsatz und die Rektaltemperatur. (2) Beides wurde vor und 10 Tage nach der Operation gemessen. Die Messung des Ruhe-Umsatzes wurde mit dem Metabolostat Siemens durchgeführt.

Die Steigerung des Ruhe-Umsatzes ist ein Maß für die Schwere des operativen Eingriffes. Entsprechend anderen Untersuchungen hierüber in der Literatur [2] gehört eine Hüft-Endoprothese mit einer bis zu 50%igen Erhöhung des Ruhe-Umsatzes postoperativ zu den großen chirurgischen Eingriffen. Bei mittelgroßen allgemein-chirurgischen Eingriffen beträgt die Erhöhung des Ruhe-Umsatzes 30–40% über dem Sollwert in den ersten 3 Tagen postoperativ. Die Ergebnisse unserer Untersuchungen zeigen nun, daß tatsächlich, statistisch signifikant, der Energiestoffwechsel durch Inzolen günstig bei operierten Patienten beeinflußt wird. Bei den nicht infundierten Patienten ist der Ruhe-Umsatz am 4. postoperativen Tag um 50% höher und erreicht auch am 10. postoperativen Tag noch nicht den Ausgangswert. Demgegenüber weisen die Patienten mit der Inzolen-Therapie einen deutlich geringeren Anstieg des Ruhe-Umsatzes auf, der nur am 3. postoperativen Tag ähnlich hohe Werte erreicht, wie die Gruppe der nicht infundierten Patienten. Sonst liegen die Meßwerte für diese Gruppe deutlich tiefer. Bei diesen Patienten hatte sich der Energiestoffwechsel bereits am 6.–8. Tag wieder weitgehend normalisiert, wie aus der folgenden Tabelle hervorgeht.

Nicht infundierte Patienten nach %Erhöhung des Ruhe-Umsatzes über Soll

		prä	1	2	3	4	5	6	7	8	9	10
Anzahl	16	12	13	9	10	7	8	11	13	7	9	7
Mittelwert		14,6	33,9	39,3	44,0	47,7	39,6	38,0	30,6	23,5	24,1	23,1
Standardabweichung		9,5	12,6	14,5	15,8	11,9	10,3	10,2	12,3	8,2	8,5	9,7

Patienten mit Inzolen-Infusion nach %Erhöhung des Ruhe-Umsatzes über Soll

		prä	1	2	3	4	5	6	7	8	9	10
Anzahl	17	6	14	11	9	13	9	8	13	8	8	5
Mittelwert		12,3	23,4	27,0	48,0	30,8	26,7	25,8	21,5	23,1	17,8	10,6
Standardabweichung		7,1	9,3	10,0	10,5	13,7	9,1	11,0	9,8	9,0	7,0	3,0
t - Test			p 0,01	P 0,02		P 0,05	P 0,01	P 0,01	P 0,01		P 0,05	P 0,005

Wesentliche Nebenwirkungen des Inzolens haben wir nicht feststellen können. Einige Patienten zeigten bei den ersten Infusionen eine verstärkte Hautdurchblutung. Das Gesicht und die Hände waren gerötet und es wurde ein Hitzegefühl angegeben, das aber nicht als unangenehm empfunden wurde. Bei zu schneller Infusionsgeschwindigkeit traten Übelkeit und Brechreiz auf. Nahezu alle Patienten gaben präoperativ an, die Infusionen hätten ihnen gut getan. Sie meinten, eine allgemeine Kräftigung zu verspüren.

Die Temperaturkurve zeigt keine eindrucksvollen Unterschiede zwischen den beiden Gruppen auf. Ein Gewichtsverlust trat nicht ein.

Diese Untersuchungen besagen, daß Kalium-Magnesium-Aspartat auch in vivo postoperativ eine deutliche meßbare Wirkung zeigt. Obwohl unsere Patienten, die eine Hüft-Endoprothese erhalten, vor der Operation kalorisch ausgeglichen sind und am 1. postoperativen Tag bereits ad libidum essen können, kommen sie in den folgenden Tagen in ein erhebliches kalorisches Defizit. Die Stickstoffbilanz wird eindeutig negativ, wie andere bei uns laufende Untersuchungen an Patienten mit gleichen Operationen ergaben. Das Gesamt-Eiweiß im Serum sinkt im Durchschnitt auf 4,5 mg% am 3. Tag bei normalen Werten vor der Op. und erholt sich innerhalb von 10 Tagen nur langsam.

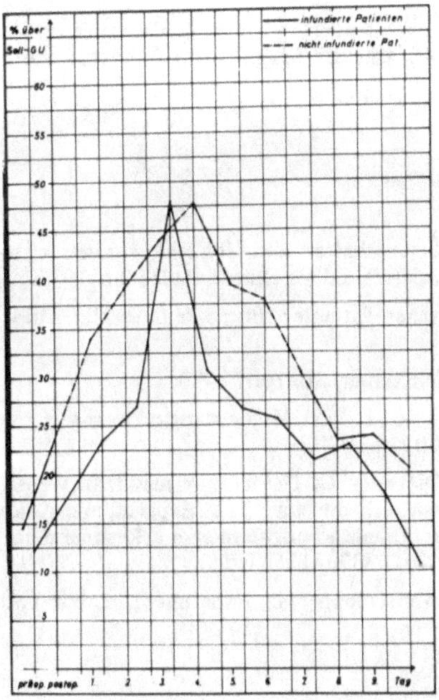

Abb. 1 Postoperatives Verhalten des Nüchtern-Ruhe-Umsatzwertes bei infundierten und nicht infundierten Patienten.

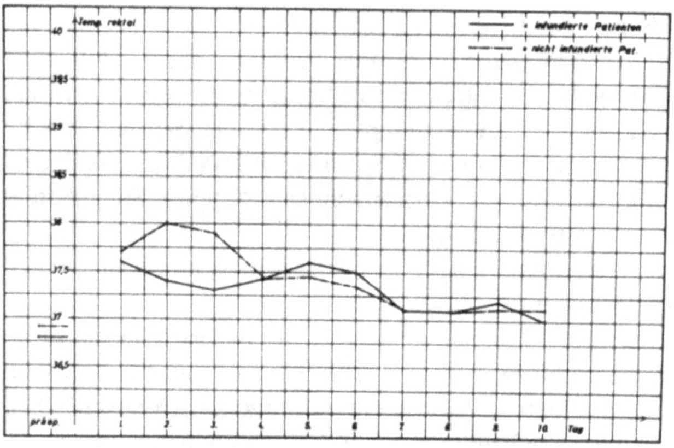

Abb. 2 Postoperatives Verhalten der Körpertemperatur bei infundierten und nicht infundierten Patienten.

Der Operationsstreß mit all seinen, besonders den Teilnehmern dieses Kolloquiums, bekannten Folgen für den Stoffwechsel ist demnach bei unseren Hüftoperationen groß. Wie der Organismus mit diesem Streß fertig wird, entscheidet über den endgültigen Erfolg der Operation. Kalium-Magnesium-Aspartat kann hierbei wirkungsvoll helfen.

Literatur

[1] Beer, R. und U. Finsterer: Biochemische Eigenschaften und Möglichkeiten der klinischen Anwendung von Kalium-Magnesium-Aspartat. Editio Cantor, Aulendorf 1971.

[2] Bünte, H.: Der Energiehaushalt des chirurgischen Patienten. Bruns Beiträge klin. Chirg. **216**, 1 (1968).

[3] Dudziak, R.: Kalium-Magnesium-Aspartat. Schattauer, Stuttgart 1970.

[4] Holtmeier, H.J.: Zur Klinik und Physiologie des Magnesiumstoffwechsels, in Kalium-Magnesium-Aspartat. Schattauer, Stuttgart 1970.

[5] Laborit, H., R. Moynier, R. Coirault, J. Thiebault, G. Guiot, P. Niaussat, B. Weber, J.-M. Jouany et C. Baron: La Place de certains sels de l'acide D.L. Aspartique dans les Mecanismes de conservation de l'activite reactionelle a l'environnement. Resume d'une etude experimentale et clinique. Presse med. **66**, 1307, 2125 (1958).

[6] Nieper, H.A. und K. Blumberger: Elektrolytschlepper in Experiment, Labor und Klinik. Med. Welt, 966 (1962).

Diskussion

Blendinger: Ich habe vielleicht nicht richtig zugehört, aber ich habe nicht ersehen können, wieviel Patienten hatten Sie untersucht?

Böhmer: Je 15: 15 mit und 15 ohne Inzolen-Infusionen.

Lüderitz: Wie ist die günstige Wirkung von Kalium-Magnesium-Aspartat bei diesen Operationen pathophysiologisch zu erklären?

Böhmer: Ich konnte als klinisch tätiger Anaesthesist ja nur versuchen die Frage zu klären, hat es einen Sinn, Kalium-Magnesium-Aspartat anzuhängen? Nach meinen Kenntnissen über die Wirkung – wir beschäftigen uns mit den Elektrolyten in anderer Hinsicht gerade in der Sportmedizin sehr damit – handelt es sich um eine Mobilisierung des Energiestoffwechsels; mehr kann ich dazu im Augenblick nicht sagen.

Eckart: Wie hoch war der postoperative Ruheumsatz bei Ihren Patienten? Nach Ihren Untersuchungsergebnissen war er gesteigert, aber Sie haben uns noch nicht gesagt, wie hoch der tatsächliche Energieumsatz war.

Böhmer: Der liegt über dem Sollwert. Der Nüchtern-Umsatz ist ja abhängig von der Größe, vom Gewicht usw.. Dann haben wir den Sollwert genommen und die Steigerung des Sollwertes . . .

Eckart: Wie haben Sie den Sollwert ermittelt? Aus einer Tabelle oder durch präoperative Bestimmung des Nüchternumsatzes?

Böhmer: Aus der Tabelle.

Eckart: Ihre Befunde stehen im Widerspruch zu den Untersuchungen von *Thimme* und *Dissmann* hier im Hause, von *Kinney* und Mitarb. in New York, von *Brückner* von *Johnston* u. Mitarb. in England, die alle nachweisen konnten, daß der Energieumsatz postoperativ entweder nicht oder aber nur unwesentlich zunimmt. Eine deutliche Zunahme des Sauerstoffverbrauches als Zeichen eines gesteigerten Energieumsatzes wurde allerdings immer nachgewiesen bei septischen Patienten, schweren Verbrennungen und bei Polytraumatisierten.

Brückner: Zbl. chir. 94, 46 (1969). **Tweedle u. Johnston**: Brit. J. Surg. 58, 771 (1971). **Kinney, Duke** u. Mitarb.: J. clin. Path. 23, suppl. (Roy. Coll. Path.) 4, 65, (1970). **Thimme, Dissmann** u. Mitarb.: Z. prakt. Anästh. 7, 140 (1972).

Böhmer: Doch, ganz erheblich, da möchte ich also ganz heftig widersprechen. Bei unseren hüftoperierten Patienten z. B. steigt der Sauerstoffverbrauch von ungefähr 250 auf 300 ml/Stunde postoperativ an. Der Mehrverbrauch an Sauerstoff steigt also um etwa 30% an. Und daß der Nüchtern-Grundumsatz ansteigt, postoperativ, allerdings bei den schweren Operationen wohlgemerkt, das hat auch *Bünte* vor nicht allzu langer Zeit in „Bruns Beiträge zur klinischen Chirurgie“ sehr eindrucksvoll aus der Erlanger Klinik gezeigt. Das läßt sich theoretisch doch sehr gut erfassen und auch erklären, daß es postoperativ zu einer ganz erheblichen Umstellung kommt. Der respiratorische Quotient ändert sich, es wird vor allen Dingen mehr Eiweiß und mehr Fett verbrannt; im Verhältnis dazu geht die Kohlenhydratverbrennung zurück, und das bedeutet für den Körper mehr Energie, um diesen Stoffwechsel zu bewältigen.

Reinhardt: Sie haben gerade den springenden Punkt erwähnt. Wie verhält sich denn der respiratorische Quotient? Sie könnten doch damit jetzt die verbrannten Anteile der Nahrung angeben unter der Berücksichtigung eines Sammelurins und des Stickstoffanteiles darin.

Böhmer: Das haben wir auch vor, Herr *Reinhardt*. Ich kann darauf auch nur wieder auf die *Bünt*'sche Arbeit hinweisen. Wir könnten mit dem Metabolostat leider nicht den respiratorischen Quotienten messen. Ich muß ehrlich sagen, das war ein Fehler von mir, als wir damit anfingen, ich dachte, man könnte es mit diesem Apparat. Wir haben aber Apparate, wo wir den respiratorischen Quotienten mit bestimmen können und wollen das nachholen. Aber um auf die *Bünt*'sche Arbeit zurückzukommen, die zeigte, daß der Anteil der Kohlenhydratverbrennung eindeutig zurückgeht und die Fettverbrennung überwiegt.

Reinhardt: Ich wollte nur noch einmal nachfragen, ich verstehe es nicht ganz. Also mißt der Apparat denn nur die Sauerstoffaufnahme oder die CO_2-Abgabe?

Böhmer: Nur die O_2-Aufnahme.

Henneberg: Herr *Böhmer*, ich glaube, das ist wieder so ein Problem, wo die Kliniker sich zumindest noch jahrelang in der Wolle liegen werden, denn ein operierter Patient ist ein vielfältiges Problem. Wie ist er sediert? Wie ist er schmerzbehandelt? Wie ist seine psychische Situation, die wir hier gar nicht in Zahlen eingehen lassen? Wie ist seine Wundresorption? Wie sind seine subfebrilen Temperaturen, nicht nur am Morgen und Abend gemessen, sondern auch zwischendurch? Wie war die Narkoseform, die Narkosedauer? Warum ist ausgerechnet am 4. Tag der Umsatz bei Ihnen erhöht? Warum bei anderen Leuten schon am 2. Tag, wiederum bei anderen die ganzen 7 Tage postoperativ? Ich glaube, hier helfen uns wirklich nur große Zahlen eines vergleichbaren Kollektivs mit gleicher Narkose, gleicher postoperativer Schmerzbehandlung, gleicher enteraler Ernährung. Ich hoffe, wir können im nächsten Jahr an einem größeren Kollektiv postoperativ diese Frage etwas mehr unter die Lupe nehmen. Die Annahme, daß der Umsatz grundsätzlich postoperativ erhöht ist, scheint nicht ganz stichhaltig zu sein.

Böhmer: Grundsätzlich, nein, es kommt auf die Schwere der Operation an. Es hängt ab von der Größe des Eingriffes und dem Alter des Patienten. Nicht der normale Blinddarm macht eine Grundumsatzerhöhung, das ist klar.

Henneberg: Ja, der normale Blinddarm. Welcher Blinddarm ist schon so ganz normal? Was ist die Schwere des Eingriffes? Heißt das Wundfläche mal Zeit? Heißt das Wundfläche mal Zeit durch Alter? Wer hat bis jetzt die Schwere des Eingriffes definieren können? Solange wir das nicht können, auch nur in ganz groben Zahlen, haben wir kein vergleichbares Kollektiv.

Böhmer: Darf ich da gleich darauf antworten. Ich stimme Ihnen zu, und deswegen auch unser erster Versuch, an einem Kollektiv von Patienten, die alle etwa gleich alt waren, alle die gleiche Operation bekamen. Die Operation einer Totalendoprothese ist relativ genormt. Die Operations-Zeiten sind gleich und ich glaube sagen zu können, daß bei diesen 30 Hüftendoprothesen alle Faktoren, die Sie genannt haben, weitgehend gleich sind. Daß da wieder individuelle Unterschiede da sind, ist uns völlig klar.

Eckart: Warum haben Sie den Sollumsatz einer Tabelle entnommen und nicht den Istumsatz Ihrer Patienten schon präoperativ gemessen? Wenn Sie aber von einem Tabellenwert ausgehen und postoperativ einen Meßwert erhalten, dann dürfen Sie beide Werte nicht miteinander vergleichen. Eine postoperative Zunahme des Umsatzes können Sie nur dann feststellen, wenn Sie den prä- und postoperativen Wert gemessen haben.

Böhmer: Das haben wir präoperativ gemacht.

Eckart: Sie haben den Sollwert, d. h. den Sollumsatz jedes Patienten Ihrer Untersuchungsreihe aus einer Tabelle entnommen?

Böhmer: Wir haben den Sollwert präoperativ aus der Tabelle genommen.

Eckart: Also präoperativ nicht gemessen?

Böhmer: Wir haben ihn natürlich gemessen, vielleicht verstehen wir uns da falsch.

Eckart: Ich habe Sie dann sicherlich nicht richtig verstanden und halte fest, daß Sie den Umsatz doch prä- und postoperativ gemessen haben.

Böhmer: Natürlich.

Eckart: Und der ist angestiegen um 40% gegenüber dem Sollwert?

Böhmer: Nach der Operation ja.

Eckart: Sie haben also beispielsweise präoperativ einen Istumsatz von 2000 kcal festgestellt, der postoperativ um 40%, d. h. auf 2800 kcal angestiegen ist.

Böhmer: Ja, richtig.

Kaczmarczyk: Ich habe noch eine Frage zu dem letzten Diapositiv, was Sie gezeigt haben. Wenn Sie einen Unterschied zwischen der behandelten Gruppe und der Kontrollgruppe zeigen, Sie haben Mittelwerte und Streuung angegeben, ist das denn signifikant?

Böhmer: Dazu möchte ich nochmals das Diapositiv zeigen.

Reinhardt: Bis das soweit ist, darf ich zwischendurch noch fragen: Wie ist denn eigentlich die Nahrungszufuhr. Ich denke also an eine eventuelle spezifische dynamische Wirkung von Eiweißkörpern. Könnte das nicht in irgendeiner Weise den Umsatz, die Umsatzsteigerung mitbedingen?

Böhmer: Im Zuge dieser Untersuchungen haben wir erstmals festgestellt, in was für ein erhebliches kalorisches Defizit unsere orthopädischen Patienten kommen, vor allen Dingen auch eiweißmäßig. Gleichzeitig läuft auch noch eine andere Untersuchung mit Aminosäuren zu der Frage, ob es denn sinnvoll ist, diese Leute mit Aminosäuren zu substituieren. Das sollte man bei diesen älteren Patienten ganz genau abklären.

Eckart: Sie meinen damit, ob es sinnvoll sei, schon unmittelbar postoperativ Aminosäuren zuzuführen.

Böhmer: Ich denke schon.

Eckart: Es gibt zahlreiche Untersuchungen, die zeigen, daß man unmittelbar postoperativ keine positive Stickstoffbilanz erhält. Dabei ist es gleichgültig, wieviel Kalorien und Aminosäuren zugeführt werden. Ich nehme aber an, daß ein Patient mit einer Hüftprothese ab ersten, spätestens ab zweiten postoperativen Tag wieder ausreichend ißt.

Böhmer: Genau das hatten wir auch gedacht. Er ißt eben nicht genug. Das sind ja keine Intensivpatienten und entschwinden den Blicken des Anaesthesisten sehr schnell. Ich muß auch ganz ehrlich gestehen: Vielleicht haben wir uns nicht genügend darum gekümmert. Sie essen eben nicht genug. Sie essen am ersten Tag ein bißchen Haferschleim, am zweiten Tag mögen sie auch noch nichts Richtiges essen, sie werden nicht infundiert, und sie kommen dann in ein tieferes Defizit, als es vielleicht nötig wäre; daß wir es nicht ausgleichen können, ist uns auch klar, aber daß wir Ihnen doch vielleicht helfen könnten, über diese Zeit etwas besser hinwegzukommen.

Eckart: Darf ich noch etwas zur Dosierung von Inzolen fragen. Sie haben 500 ml Inzolen-Infusio pro Tag infundiert?

Böhmer: Eine Flasche, mit 25 mval Kationen.

Eckart: Pro Tag. Und sonst? Und was geben Sie sonst dazu?

Böhmer: Sonst kriegen sie weiter die normale Krankenhauskost vorgesetzt ohne Kontrolle der Einnahme.

Reinhardt: Ich muß noch einmal insistieren. Es geht jetzt nicht darum, ob sie genug essen, sondern wann sie mit dem Essen beginnen, denn die Nahrungsaufnahme an sich steigert den Umsatz.

Böhmer: Sie beginnen am ersten postoperativen Tag zu essen; zwar wenig, aber immerhin etwas, und am dritten Tag sind sie so weit, daß unsere älteren Patienten einigermaßen gut essen.

Schultis: Sie sagten vorhin, *Brückner* gehöre zu denen, die die Steigerung des Umsatzes postoperativ nicht gefunden hätten. Ich kenne eine Studie von ihm, aus seiner Kölner Zeit noch, da kommt er auf etwa 30% bei Operationen nach Billroth II.

Eckart: Ich habe mich mit dem Problem der postoperativen Kalorienzufuhr deswegen beschäftigt, weil ich der Meinung bin, daß dem elektiv Operierten generell viel zu viel Kalorien zugeführt werden. In diesem Jahr haben *Thimme, Dissmann* und *Eisele* über Veränderungen des Energiestoffwechsels bei 38 Patienten nach abdominal-chirurgischen Operationen berichtet. In dieser Untersuchungsreihe wurde auch der Sauerstoffverbrauch gemessen. Die genannten Autoren haben postoperativ keine Zunahme gefunden. Der Amerikaner *Kinney* hat mit seiner Arbeitsgruppe mit einer besonderen Apparatur kontinuierlich den Gasaustausch und Umsatz bei verschiedenen Patientengruppen gemessen, z. B. bei Elektivoperationen, bei septischen Fällen, Verbrannten und nach schweren Traumen. *Johnston*, den ich schon erwähnt habe, hat das gleiche gemacht. Bei glattem, postoperativen Verlauf haben aber diese Arbeitsgruppen keine Zunahme des Umsatzes feststellen können. An dieser Stelle möchte ich aber ein Untersuchungsergebnis erwähnen, das vor Jahren in Salzburg vorgetragen wurde. Herr *Böhmer* hat damals über eine Beeinflussung des Kohlenhydratstoffwechsels im Zusammenhang mit Hüftoperationen berichtet. Haben Sie dieselben Beobachtungen auch bei anderen Operationen gemacht und sehen Sie zwischen Ihrer früheren Mitteilung und Ihren jetzigen Untersuchungsergebnissen irgendeinen Zusammenhang?

Kinney, Morgan u. Mitarb.: Metabolism 13, 205 (1964). **Duke, Jörgensen** u. Mitarb.: Surgery 68, 168 (1970). **Böhmer**: Anästh. u. Kohlenhydratstoffwechsel, Springer 1969.

Böhmer: Uns ist also nur aufgefallen, daß – wenn ich da einmal weiter ausholen darf – nach Hüftoperationen die Patienten sehr häufig erbrechen. Das ist auch übrigens den alten Orthopäden bekannt; sobald sie früher an die Hüfte gingen, der alte Professor *Günz* hat mir das einmal erzählt, dann hatten sie die Brechneigung zu beherrschen, dann war Aceton erhöht usw.. Da habe ich gesagt: „Klar. Das war eure alte Äthernarkose, bei uns passiert das jetzt nicht mehr." Wenn wir jetzt eine anständige Narkose machen, dann erbrechen die auch nicht mehr als alle anderen, warum auch? Es sei denn, die Operation ist besonders komplikationsträchtig gewesen. Und tatsächlich auf der Wachstation erbrachen die häufiger, und deswegen haben wir das untersucht, woher das kommt. Wir fanden dann eben doch eine Stoffwechselstörung, oder sagen wir genauer einen Anstieg des Acetons. Wir fanden einen – mir jetzt auch noch unerklärlichen – Abfall des Hbs, der also nicht durch die schwere Operation und den Blutverlust zu erklären ist, der gerade bei den Kindern, bei denen wird ja häufig diese Hüftoperation durchgeführt, über 4 Wochen anhält; die Kinder sind nach 4 Wochen erst wieder mit ihrem Hb einigermaßen in Ordnung, obwohl sie während der Operation wenig Blut verlieren. Was es mit der Hüfte im einzelnen auf sich hat, weiß ich auch noch nicht.

Eckart: Wenn aus dem Zuhörerkreis keine Fragen mehr gestellt werden und kein Diskussionsbeitrag erfolgt, dann darf ich Herrn *Böhmer* und den übrigen Referenten und Diskussionsrednern herzlichen Dank sagen, den klinischen Teil schließen und Herrn *Henneberg* bitten, noch ein Wort zum Abschluß zu sagen. Vielen Dank.

Schlußwort

Meine Damen und Herren!

Ich meine, wir sollten nicht auseinandergehen ohne zuvor diesen sehr konzentrierten Tag mit den „Elektrolyten und Spurenelementen in der Intensivmedizin" nochmals an uns vorübergehen zu lassen.
Wir haben heute morgen mit dem Magnesium begonnen, am Rande wurde auch das Kalzium behandelt. Dem Zink war ein breites Referat gewidmet. Dann haben wir natürlich das Kalium, das Natrium und auch das Kupfer erwähnt. Auf der anderen Seite hatten wir die Anionen, vor allen das Aspartat, aber auch das Malat und das Chlorid in ihren Wirkungsweisen verfolgt. Wir sollten hier der Vollständigkeit halber das Bikarbonat nicht unterschlagen. Und nun stehen wir vor der Frage der Dissoziation dieser Salze und damit ihrer Zellpermeabilität und auch vor den zahlreichen Möglichkeiten von Kreuzwirkungen zwischen Anionen und Kationen. Die Theoretiker unter uns können sicher diese verschiedenen Möglichkeiten der Wirkungsweisen in vitero übersehen. Der Kliniker lebt in Modellvorstellungen eines intravasalen Volumens und eines intra- und eines extrazellulären Raumes und muß von den stichprobenartigen Werten des intravasalen Raumes, nämlich aus den Serumwerten bzw. aus den Exkrementen, auf die intrazellulären Funktionsweisen schließen. Und wenn sich diesem klinischen Versuch „Störfaktoren" wie eine Narkose oder eine Operation addieren und wenn dann die vielschichtigen Mechanismen der Heilung einsetzen, dann ist es verständlich, daß der Kliniker die Unsicherheit seiner Aussage nicht bezweifelt. Wie in München, in Hamburg, in Bielefeld, in Düsseldorf und nun heute auch in Berlin bleibt die Frage bestehen: hat das Aspartat gegenüber den anderen Anionen eine besondere spezifische Wirkungsweise: Viele von uns haben es bestätigt, andere bezweifelt. Auch die Rolle des Magnesiums vor allem in der parenteralen Ernährung wurde neu unterstrichen, wenn auch mit Fragezeichen. Ich kann mit diesen wenigen Strichen diesen heutigen Tag nicht zusammenfassen, kann nur andeuten, was mir in einer Bilanz sichtbar wurde. Die Untersuchungen über die Elektrolyte und Spurenelemente in der Intensivmedizin werden weitergehen. Die Vermutung wurde neu bestätigt, daß die anorganische Chemie in der Biologie noch lange nicht zum alten Eisen geworfen werden kann.

Ich darf schließen mit dem Wunsch, daß Sie alle in irgendeiner Weise angeregt oder angereichert wieder zurückkehren in Ihre Klinik, daß Sie gute Tage hier in unserer Stadt hatten, daß Sie vielleicht ein bißchen dieses Haus kennengelernt haben und daß Ihnen dieser Tag in Berlin eine Reise wert war.

Allen Referenten des heutigen Tages nochmals herzlichen Dank und ebenso auch allen Zuhörern für die sehr ausführliche und für meine Begriffe schöne Diskussion.
Ich danke den beiden Tages-Vorsitzenden Herrn Reinhardt und Herrn Eckart herzlich für die Zusammenstellung der Referate und für die Diskussionsleitung. Ihnen allen eine gute Heimreise und ein frohes und gesundes Wiedersehen.

Ulrich Henneberg

Autorenverzeichnis

Ahnefeld, Prof. Dr. med. F. W.
Abteilung für Anesthesiologie der Universität
7900 Ulm, Steinhövelstraße 9

Avenhaus, Dr. med. H.
Medizinische Klinik und Poliklinik der Universität
3400 Göttingen, Humboldtallee 1

Böhmer, Priv.-Doz. Dr. med. D.
Chefarzt der Anaesthesieabteilung der Orthopädischen Universitätsklinik,
6000 Frankfurt-Niederrad, Marienburger Straße 2

Bolte, Priv.-Doz. Dr. med. H.-D.
Medizinische Klinik und Poliklinik der Universität
3400 Göttingen, Humboldtallee 1

Bretschneider, Prof. Dr. med. H.J.
Physiologisches Institut der Universität
3400 Göttingen, Humboldtallee 7

Damm, Dr. med. K.
II. Medizinische Universitätsklinik
2000 Hamburg 20, Martinistraße 52

Dany, Dr. med. Chr.
Chirurgische Universitätsklinik, Abteilung für experimentelle Chirurgie,
5000 Köln, Robert Koch Straße 10

Dramburg, Dr. med. M.
Klinikum Steglitz der Freien Universität, Institut für Anaesthesiologie,
1000 Berlin 45, Hindenburgdamm 30

Eckart, Prof. Dr. med. J.
Krankenhauszweckverband Augsburg
Anesthesieabteilung der Chirurgischen Kliniken
8900 Augsburg, Krankenhausstr. 1

Eschner, Dr. med. J.
Bundeswehr-Krankenhaus Anaesthesieabteilung
2903 Bad Zwischenahn

Fahrenhorst, Dr. med. K.
Institut für Anaesthesiologie am Klinikum Westend der Freien Universität
1000 Berlin 19, Spandauer Damm 130

Fodor, Dr. med. L.
St. Elisabeth-Krankenhaus
407 Rheydt

Fuchs, Dr. med. Chr.
Physiologisches Institut der Universität
3400 Göttingen, Humboldtallee 7

Günther, Prof. Dr. med. Th.
Institut für Physiologische Chemie und Biochemie der Freien Universität
1000 Berlin 33, Arnimallee 22

Häring, Prof. Dr. med. R.
Klinikum Steglitz der Freien Universität
1000 Berlin 45, Hindenburgdamm 30

Hauck, Dr. med. W.
Institut für Anesthesiologie im Klinikum Steglitz der Freien Universität
1000 Berlin 45, Hindenburgdamm 30

Heller, Prof. Dr. med. W.
Chirurgische Universitätsklinik
7400 Tübingen, Calwer Straße 7

Henneberg, Prof. Dr. med. U.
Institut für Anaesthesiologie im Klinikum Steglitz der Freien Universität
1000 Berlin 45, Hindenburgdamm 30

Isselhard, Prof. Dr. med. W.
Abteilung für experimentelle Chirurgie an der Chirurgischen Universitätsklinik
5000 Köln 41, Josef-Stelzmann-Straße 9

Jacobi, Dr. med. E.
II. Medizinische Universitätsklinik
4000 Düsseldorf, Moorenstraße 5

Kaczmarczyk, Dr. med. G.
Institut für Anaesthesiologie am Klinikum Westend der Freien Universität
1000 Berlin 19, Spandauer Damm 130

Kalbow, Dr. med. K.
Physiologisches Institut der Universität
3400 Göttingen, Humboldtallee 7

Kirchhoff, Priv.-Doz. Dr. med. P.G.
Kliniken der Universität
Klinik und Poliklinik für Thorax- und Herz-Gefäß-Chirurgie
3400 Göttingen, Goßlerstraße 10

Knoll, Dr. med. D.
Physiologisches Institut der Universität
3400 Göttingen, Humboldtallee 7

Lang, Dr. med. D.
Zentrum für Innere Medizin und Kinderheilkunde der Universität
7900 Ulm, Steinhövelstraße

Lüderitz, Dr. med. B.
Medizinische Klinik und Poliklinik der Universität
3400 Göttingen, Humboldtallee 1

Möller, Dr. med. K.H.
Anaesthesieabteilung der Orthopädischen Universitätsklinik
6000 Frankfurt-Niederrad, Marienburger Straße 2

Nordbeck, Dr. med. H.
Physiologisches Institut der Universität
3400 Göttingen, Humboldtallee 7

Orth, Dr. med. J.
Anaesthesieabteilung der Orthopädischen Universitätsklinik
6000 Frankfurt-Niederrad, Marienburger Straße 2

Paschen, Dr. med. K.
Abteilung für Stoffwechselkrankheiten der Medizinischen Universitätsklinik
7400 Tübingen, Otfried-Müller-Straße

Peveretos, Dr. med. P.
Klinikum Steglitz der Freien Universität
1000 Berlin 45, Hindenburgdamm 30

Philipp, Dr. med. R.
II. Medizinische Universitätsklinik
2000 Hamburg 20, Martinistraße 52

Poliwoda, Prof. Dr. med. H.
Medizinische Hochschule, Medizinische Klinik Hämatolog. Abteilung
3000 Hannover, Roderbruch

Regensburger, Priv.-Doz. Dr. med. D.
Kliniken der Universität Göttingen
Klinik und Poliklinik für Thorax- und Herzchirurgie
3400 Göttingen, Goßlerstraße 10

Reinhardt, Professor Dr. med. H.W.
Abteilung für experimentelle Anaesthesie im Städtischen Krankenhaus Westend
1000 Berlin 19, Spandauer Damm 130

Riedel, Dr. med. J.
Institut für Anaesthesiologie am Klinikum Westend der Freien Universität
1000 Berlin 19, Spandauer Damm 130

Saborowski, Dr. med. F.
II. Medizinische Universitätsklinik
5000 Köln-Merheim, Ostmerheimer Straße

Schmicke, Dr. med. P.
Physiologisches Institut der Universität
3400 Göttingen, Humboldtallee 7

Spieckermann, Priv.-Doz. Dr. med. P.G.
Physiologisches Institut der Universität
3400 Göttingen, Humboldtallee 7

Stallkamp, Dr. med. B.,
Klinikum Steglitz der Freien Universität
1000 Berlin 45, Hindenburgdamm 30

Stock, Dr. med. W.
Chirurgische Universitätsklinik, Abteilung für experimentelle Chirurgie,
5000 Köln 41, Robert-Koch-Straße 10

Stolz, Priv.-Doz. Dr. med. Chr.
Institut für Anaesthesiologie der Universität
7400 Tübingen, Calwer Straße 7
jetzt am Institut für Medizinische Prüfungsfragen, Abteilung Ausbildungsforschung, 6500 Mainz, Große Langgasse 8

Tempel, Dr. med. G.
Klinikum rechts der Isar der Technischen Universität
8000 München 80, Ismaninger Straße 22

Tiggelen van, Dr. med. C.J.M.
Lucia Stichting, Liesboslaan 6, Breda/Holland

Tung, Dr. med. L.C.
Klinikum Steglitz der Freien Universität
1000 Berlin 45, Hindenburgdamm 30

Udes, Dr. med. H.
Institut für Versuchstierkunde
1000 Berlin 45, Tietzenweg 85/87

Waldschmidt, Prof. Dr. med. J.
Chirurgische Universitätsklinik am Klinikum Steglitz der Freien Universität,
1000 Berlin 45, Hindenburgdamm 30

Westberg, Frau C.A.
Physiologisches Institut der Universität
3400 Göttingen, Humboldtallee 7

Wilke, Dr. med. H.
II. Medizinische Universitätsklinik
2000 Hamburg 20, Martinistraße 52

Witte, Dr. med. J.
Chirurgische Universitätsklinik, Abteilung für experimentelle Chirurgie,
5000 Köln 41, Robert-Koch-Straße 10

Zentai, Dr. med. A.
Krankenhaus links der Weser, Anaesthesieabteilung
28 Bremen, Theodor-Billroth-Str.

FSC
www.fsc.org
MIX
Papier | Fördert gute Waldnutzung
FSC® C083411

Zeitfracht Medien GmbH
Ferdinand-Jühlke-Straße 7
99095 Erfurt, Deutschland
produktsicherheit@kolibri360.de